続ける力、

燕 泳静

極貧中国留学生から年商50億社長へ

Be persistent, be determined.

諦めない心

かざひの文庫

はじめに

まずは私について少しお話しします。

私は、中国の江西省の出身です。

江西省は、上海の南西に位置しており、みなさんには、「ウーロン茶」で馴染みがある福建省や、湖南省などに囲まれた内陸部です。都市部もあれば、山が多い地域もありますが、私が住んでいたのは都市部のほうでした。

人口は、4500万人ほどで、中国の中では13番目に多い都市です。東京の人口が約1400万人ほどですので、その3倍ほどの人がいることになります。ただ、面積自体も、江西省は約16万6900㎢、東京は約2200㎢となるので、もちろんその差もあるでしょう。

中国では、両親と、7歳違いの兄、5歳違いの姉と暮らしていました。三人きょうだい

Prologue
はじめに

の末っ子でしたので、自由におおらかに育てられました。

父は人情深く穏やか、温厚な性格で、母はてきぱきとして仕事も早く、はっきりとした性格で、私はそのどちらも受け継いでいると思います。

日本に留学にしようと思うようになったのは、学生の頃です。もともと日本が好きで興味があり、どんな国なのか一度は見てみたいと思っていました。

中国にいる時から、日本語を勉強もしていて、当時は今ほど流暢には話せず、下手ではありましたが、アルバイトで簡単な日本語の翻訳をやったりしていました。

そして高校卒業後、一年ほど中国で仕事をしてから、日本に来ることになりました。留学先に決めた先は、福岡県の日本語学校でした。ここでみなさんは不思議に思うかもしれません。「なぜ福岡の学校へ行ったの？」と。

実は留学する学校を決めるにあたり、高校に相談に行きました。するとそこで、ふたつの学校を紹介してもらったのです。

ひとつは、北海道の大学の推薦入学でした。

大学へ行ってみたかったというのもあり、北海道もいいところと知っていたので、初めこそ興味津々に、その大学のパンフレットを見ていましたが、ページをめくるたびにある不安が押し寄せました。

たしかに、その学校自体はとても雰囲気も良く、伸び伸びしていて、勉強するにはいい環境のように思ったのですが、そこにモデルとして出ていた学生のみなさんが、全員ぽっちゃりしていたのです！

今にしてみれば、それはそれで親しみやすく、リアルな学生生活を見せてくれていたのだと思いますが、その時の私は、

「この学校に行ったら、私も同じようになるかもしれない」

と思ってしまいました。

北海道と言えば、じゃがいも、とうもろこし、蟹や海鮮、美味しいスイーツなど、グルメが揃っていることも知っていました。

その時すでに、私自身ぽっちゃりとしていたので、このまま北海道に行ってしまったら、「絶対、食欲を抑えられない！」と考え、北海道の大学はやめて、もうひとつ候補に挙がっ

ていた、福岡の日本語学校に進学することに決めたのです。

でもこの福岡に行ったことが、その後の私の運命を決めました。

様々な出会いがあり、日本に来てから20年後には、年商50億を超える、アパレル会社の社長となったのです。

もちろん、初めから全て順調に行ったわけではありません。

壁が目の前に立ちはだかるたびに、試行錯誤しながら、前へ前へと進んでいきました。

どういう経緯で、私が社長となり、自社ファッションブランド「ABITOKYO」を設立し、たくさんの人たちを惹きつけるようになったのか。

また、新しい販売ツール「ライブコマース」の挑戦など、この20年の間、私が経験してきたこと、今考えること、これからの思いなどをお伝えしていきたいと思います。

どうぞ、最後までごゆっくりお読みください。

Contents

目次

Contents

目次

Chapter 07
私と「仕事」、そしてこれからの「夢」

Chapter 01

「憧れ」を抱いて
日本へ留学

「留学初日」から驚きの連続

ペットボトルの水が中国の10倍⁉

新しい生活に心躍らせながら、いよいよ日本での生活が始まりました。見るもの全て目新しく、これからの生活が楽しみであった半面、思わぬ現実に直面しました。それは、日本の物価の高さです。

当時、ペットボトルの水が、中国と比べて、10倍の価格だったのです。それ以外の食料品も軒並み高く、その価格を見て思わず、「こんなに高いの⁉　これじゃ餓死しちゃう」と思ったのを覚えています。

日本に来るための資金は両親に出してもらっていましたが、日本での生活費やお小遣いなどは、自分で賄うつもりでいましたので、

「これは節約をしないと、とてもじゃないけどやっていけない」

と留学初日から思わされました。

売ってもらえない「布団」

日用品については、中国から持ってきたものもありましたが、大きなものは日本で調達するつもりでいました。

その中でも、真っ先に用意しようと思っていたのは「布団」でした。

私はすぐに、近所のお店を見て歩きました。

でもなかなか、布団を売っているところがなかったのです。

「これじゃ、床に寝ることになっちゃう」

そう思いながら、あちこち歩き回っていると、ようやく、布団が置いてある店を見つけたのです。

私はすぐにその店に入り、言いました。

「この布団ください」と。

でもお店の人は渋い顔をして、なかなか布団を売ってくれません。

「なんでだろう」と思いましたが、その時は日本語があまり分かっていなかったので、その理由をきちんと聞くこともできず、結局あきらめて店を後にしました。

初日早々、残念な思いでいっぱいでした。

その後、他の店を探して歩き、なんとか布団を買うことはできたのですが……。

実はこの話には後日談があります。私が初めに入った店は、実は「クリーニング店」だったのです。

店先に置いてあった布団は、誰かがクリーニングに出していたものでした。

それでは、売ってくれるはずがありません。

後からそれを知って、私は思わず笑ってしまいました。

初めての一人暮らしに苦戦⁉

異国での生活、初めての一人暮らしということもあり、その後もいろんなことがありました。

まずは毎日の食事に苦労しました。

初日に物価の高さに驚き、「食費はとにかく節約しよう」と決めました。

とにかく安い食材でなんとかしようと思ったのです。

そこで白羽の矢を立てたのが「もやし」でした。

今でも30円ほどで買えるもやしですが、当時ももちろん安く、量もあるので、お腹を満たすという意味では、ありがたいものでした。

もやしがとても安いおかげで、最終的に1週間、1000円で済みました。


ただスーパーで、もやしを大量買いした私は、家に帰ってきて、はっとしました。

「これ、どうやって食べればいいの!?」と。

実は私は、料理がまったくできなかったのです。

中国にいた頃はずっと家族と住んでいましたので、料理も掃除も全部母と姉にやってもらっていました。もう少し、お手伝いをしておけばよかったと、後悔しました。

おかずは「もやし」の毎日

ただ後悔していても、何も始まりません。助けてくれる家族はそばにいませんから、自分でなんとかしないと、それこそ餓死してしまいます。

とりあえず、もやしを茹でてみることにしました。そして味付けは「塩」。

まあ正直、あまり美味しくはありませんでした。

その後も、もやしを食べる生活が続きました。とりあえずお腹をいっぱいにしないといけませんし、他に安い食材も思いつかなかったからです。

鍋で茹でてみたり、炊飯ジャーに水と一緒に入れてスイッチを押してみたり……。

部屋中、もやしのにおいが充満して「これはやばい！」の毎日でした。

福岡時代はほとんどもやしを食べて過ごしたかもしれません。

レシピなどを調べて、味付けにも工夫ができればよかったのですが、そんな気持ちの余裕は、まったくありませんでした。

シャンプーってなくなるの⁉

他にも、一人暮らしをして、初めて気が付くことがありました。

それは、シャンプーやコンディショナー、ボディソープなどのボトルの中身です。

実はそれらの中身が「切れるもの」と知ったのは、日本に来てからでした。

初めてその中身がなくなった時、

「え、シャンプーって切れるものなの⁉」

と思わず声を上げました。

実家にいた頃は、中身が切れそうになると、母が新しいものを補充してくれていたことに、ようやく気が付きました。

私はそれまで、ボトルから、永遠に中身が出てくるものと思っていたのです。

冷静に考えればば当然です。ボトルの中で中身が製造されているわけがないのですから。


初めての一人暮らしは、自分の無知さを知るとともに、親のありがたみをあらためて感じさせてくれました。

いくつものアルバイトを掛け持ちする毎日

生活費は自分で稼ぐ

日本に来たら、生活費は自分で稼ぐと決めていました。

留学にかかる初めの費用は両親にお願いしていましたが、それ以上、負担をかけるわけにはいかないと思っていたのです。

そのためには、アルバイトをしないといけません。

学校の合間を縫って、いくつかアルバイトを掛け持ちする毎日が始まりました。

ただ当時は、日本語があまりできない中国人が働ける場所は、そう多くありませんでした。居酒屋やコンビニエンスストアなどは、貴重なアルバイト先でした。

居酒屋であれば、まかないがありますし、コンビニエンスストアであれば、当時は賞味期限を過ぎたお弁当やおにぎりがもらえました。食費の節約にもなって、とてもありがたかったのです。

今では経験できない仕事の数々

私の初めてのアルバイトは、居酒屋のキッチンでした。

仕事内容は「皿洗い」。毎日何百枚、何千枚と洗って、もう一生分の皿を洗いました。

他にも、工場のようなところで、バーコードを読み取るような仕事をしました。

主婦が多く、その中に日本語学校の生徒が混じって、働いていました。特に日本語を話す必要がなく、仕事自体もさほど難しくありませんでしたが、ある日、とても怖くなるような経験をしました。

ある大雪の日にアルバイトへ

その工場に行くためには、みんなでバスに乗るのですが、私はそのバス乗り場まで自転車で行っていました。

晴れの日であれば何の問題もないのですが、その日は、かなりの大雪でした。

道にもだいぶ、雪が積もっていて、自転車に乗るのも一苦労でしたが、歩いて行くには距離があったので、なんとか自転車を漕いで行ったのです。

雪のせいか、周りには人がほとんどおらず、少し心細くなっていました。

実はその道の横には、並行して川がありました。

私はふと思いました。

「もしここで自転車が滑って川に落ちたら、誰も気づかない」と……。

突然行方不明になれば、みんなが捜してくれるかもしれないけれど、きっと雪が降り続いて、滑った痕跡も消えてしまうだろうし、雪が解けるまで誰にも知られず、川の中にいなきゃいけなくなる……。

そう思ったら急に怖くなり、

「もっと真剣に、滑らないように自転車を漕がないと！」

と思って必死になったのです。

結局、川に落ちることなく、無事に仕事へ行って帰ってこられたのですが、福岡の1年間は本当に貴重な経験をしました。

日本人の優しさに感動

福岡の人は優しい人ばかり

福岡に住んだのはわずか1年だけでしたが、その間に出会った人たちは本当に優しい人ばかりという印象でした。

道を聞けば、道案内だけでなく、一緒になってその目的地まで連れていってもらうこともありました。

その中でも一番心に残っているのは、ある会社の女性です。

まだ福岡に来てすぐの頃、私は不動産会社のアルバイト募集に応募したことがありました。

その時、女性の方が面接をしてくれました。

仕事が事務職ということもあり、日本語が不慣れだった私は、不採用になってしまいましたが、その女性は私の話をとても真剣に聞いてくれました。

不採用なはずなのに⁉

中国から来たばかりで、初めて一人暮らしをすると伝えたところ、

「このあと、時間あるなら、あなたの家に行くわ」

とその女性は笑顔で言いました。

不採用になったはずなのに、どうして私の家に？

そう思っていると、その女性の家にあるストーブや炊飯器などの電化製品や、綺麗なまで使っていないお皿やお弁当箱を、車で持ってきてくれる、と言うのです。

その優しい気持ちに、私はとても感激しました。

求人を見て、ぽっと来た中国からの留学生に、そこまでしてくれるのだと……。

普通だったら考えられません。私はそれらをありがたく頂戴し、大切に使わせてもらいました。

ちなみにこの炊飯ジャーで、もやしを茹でていました。

居酒屋ではおにぎりの作り方を

居酒屋のアルバイトの時は、仕事の合間を見て、社員の人から簡単な料理を教えてもらうこともありました。

その中でも、おにぎりの握り方を教えてもらったのは嬉しかったです。

そんな簡単なこともできないの？　という感じですが、料理が専門の人に教えてもらったので、ふわふわの美味しいおにぎりが握れるようになりました。

他にも、アジサイの季節になれば、「一緒に見に行こうよ」と声をかけてもらったり、ブドウの季節には、一緒にブドウ狩りに連れていってもらいました。

10年後の私が楽しみ!?

本当に、みなさんにはよくしていただきました。

私は基本、人見知りをしない性格なので、可愛がられることが多く、誰とでも仲良くなれたんだと思います。

その時、みんなからよく言われたのは、

「燕ちゃんの10年後が楽しみだね」
といういことでした。

福岡を離れてからは、一度も訪問していないので、当時のみなさんとも疎遠になってしまっていますが、もし再会することがあれば、たくさんのお礼を言いたいと思っています。

もう1年、日本で勉強がしたい！

こうして、勉強にアルバイトに明け暮れた1年でしたが、終わってみると私は「博多弁」で日本語を覚えていました。

福岡にいたので、仕方がないことなのですが、正直、
「このままでは中国には帰れない」
と思いました。

もう少し綺麗な日本語を覚えて帰りたい、そしてもっと日本で勉強がしたいと思ったのです。

私は翌春、東京へと向かいました。

Chapter 02

アパレル会社の「生産管理」から独立、私が「社長」になるまで

右も左も分からぬままファッション業界へ

東京ではヘアメイクの学校へ

福岡で1年、語学学校に通ったあと、東京に出てきました。さらに2年間、ヘアメイクやエステなどを学べる専門学校で勉強しようと思ったからです。

当時中国の美容は、今ほど発展していませんでした。メイクもナチュラル系が多く、おそらくアイラインなどを入れていた人も、さほど多くなかったと思います。

私も日本のメイクやファッションが素敵だなと思っていましたので、ヘアメイクを勉強すれば、後々中国に帰った時に何か役立つかもしれないと考え、その学校に進学しました。

この頃から何か事を起こす時は、目標を持つようにしていました。

日本に留学する時もそうでしたが「必ず次に繋がるものを得よう」という気持ちでいました。

勉強もアルバイトも全力投球

2年間、無遅刻無欠席で専門学校に通いました。

私は昔から真面目なところがあり、一度こうすると決めたら、それを一生懸命やり続ける性格でしたので、子供の頃から学校を休むことはほとんどありませんでした。

福岡時代と変わらず、勉強の合間には、アルバイトもしていました。

東京に来てから、一番多くアルバイトをしていたのは、あるアロマの店を運営している会社です。アロマのグッズやキャンドルやお香、ハーブティーなどを扱っているお店でした。この頃には接客もできるようになり、飲食店のキッチンしかできなかった頃に比べると、日本語の上達も実感できて、一層力を入れて働くようになっていました。

15店舗の中で「トップセールス」を叩き出す

学校がある時は、夕方や休みの日に多くシフトを入れていましたが、夏休みや冬休みなど長期休暇になると、朝から晩まで毎日働きました。

そのアルバイト先は、エステも展開しているような会社で、お店ではその体験チケットを販売していました。そのチケットがあれば、1回2000円ほどでエステが受けられたのです。私も他の従業員たちと一緒に、そのチケットをお客様に勧めていました。

するとある時、私の売り上げ枚数が、会社全体で1位になったのです。

全部で15店舗くらいあるお店でしたので、従業員もそれなりにいたと思います。

「え、私が一番なの⁉」と、正直驚きました。

どうやって売り上げを出していたのかあまり覚えていませんが、おそらく一生懸命、お客様と話をしていたのだと思います。

「このエステをすることでこれだけいいことがある」

「本当にいいものだから一度試してみてほしい」

という、その思いだけは伝わっていたのかもしれません。

「思いを伝える大切さ」を昔から実践

仕事をする上で、思いを伝えるというのはとても大切なことです。

まずはその売りたい商品の良さをきちんと把握して、心から伝えていけば、きっとお客様もその熱意に心が動いて「じゃあ使ってみよう、試してみよう」という気持ちになっていくのでしょう。

当時から、知らず知らずのうちに、それを実践していたのだと思います。

まさかの「就労ビザ」が却下⁉

仕事にやりがいを感じていましたので、専門学校を卒業すると同時に、そのままその会社に就職するつもりでいました。学校でエステの勉強もしていましたし、知識も活かせると思ったのです。

会社の方たちも、とても歓迎してくれていましたが、そこで思わぬ問題が起きました。なんと「就労ビザ」が下りなかったのです。


外国人が日本で働くには「就労ビザ」が必要です。就労ビザとは外国人が日本で働くことを目的とした在留資格の総称となり、働く内容によって19種類に分けられています。

その中でも多くの外国人が取得しているのが「技術・人文知識・国際業務」のビザです。

これは、自然科学分野の専門技術者、人文科学分野の専門職従事者、外国人の思考、感受性を活かして国際業務に従事する人を受け入れるために設けられています。

出入国在留管理庁が公表したデータによると、2023年6月末で、この「技術・人文知識・国際業務」のビザを取得している外国人は34万人ほどとなっています。

実に、日本に滞在する外国人の約10%が、このビザを保有しているのです。

だめなら、すぐに次の行動へ

通訳などをするような仕事であれば、ビザが下りていたかもしれませんが、私が就職しようとしていた会社はアロマの販売やエステ関係だったので、そういうところに来る人には「通訳は必要ない」ということで、おそらく却下になったのだと思います。

それが分かったのが、卒業の三か月前でした。

当然、就職の話も取り消しとなりました。思いもしないことだったので、とても焦りました。このままでは仕事にも就けないどころか、日本にもいられなくなります。

でももう迷っている時間もなく、私はすぐに次の行動を起こしました。

まずは、学校の先生に相談に行きました。すると先生から、あるアパレル会社を紹介してもらったのです。以前、その会社の方が人材を募集に来ていたということで、すぐに面接の段取りをつけてもらいました。

運命の出会い「アパレル会社」へ就職

その会社は大手服飾メーカーのOEMやODMの製造をしており、規模としては社員が20名前後の会社でした。

面接をしてくれたのは会社の会長さんでした。事情を話したところ、すぐに採用してくれることになりました。

実はその会社は、上海にも事務所があり、海外との連絡も多くあるということで、現地の担当者との通訳も対応するということで採用となったのです。

でもまだ、ビザの心配がありました。ビザが下りなければ、働くことができません。

それを会長さんに伝えたところ、品川の入国管理局まで一緒にビザを取りに行ってくれたのです。なんて優しい方だろうと思いました。

バタバタとしましたが無事、就労ビザが下りることになり、私はこのアパレル会社に就職することになりました。

まさかこれが、その後の私の運命を左右するとは、まったく思いもしませんでした。

私が「社長」になった理由

「ファッション」の楽しさを知る

就職した会社では、通訳の他に、生産管理を任されることになりました。ただ、これまでファッションについて特に勉強をしていませんので、知識もありません。就職して一からその勉強が始まりました。会長さんをはじめ、社員のみなさんが丁寧に教えてくださいました。

まずは、トップスの種類や素材の勉強から始まりました。

これは「セーター」、これは「カットソー」など、本当に基本的なことからでした。基本が分かると「このニットの素材は何?」「この網組織は何?」という風に、少しずつ専門的なことを覚えていきました。

普段何気なく着ている服ですが、襟や袖の形も様々あり、スカートひとつにしても、タイトスカート、ギャザースカート、フレアスカートなどとそれぞれ名称がついています。

それらを覚えるごとに、服に対して興味が増していきました。

自分で商品の提案も

少しずつ知識が増え業務にも慣れると、自分でも商品の提案をしてみたいと思うようになりました。見よう見まねでしたが、自分なりにデザインを描いて、取引先に提案させてもらったこともありました。実際その中で、商品になったものもあります。

自分の頭の中で想像していたものが形となるのは、何とも言えない喜びがあります。

さらにそれがお客様の元に届き、

「わくわくしながら袖を通してくださったら……」

「お洒落をしたい日にそれを選んでくださったら……」

と想像するだけで、私も興奮しました。

「服」がもたらす可能性

服はそもそも1枚の平らな布です。それが立体化して、ようやくシャツだったり、ワンピースになったりします。

流行はありますが、そのデザインは無数で、いくらでもオリジナルの物を作っていけるのです。私はあらためて、

「ファッションの仕事はなんて面白い仕事なんだろう」

と思い、服を作る楽しさを知ったのです。

新たな目標、独立を決める

この会社には4年ほど勤めました。

服に興味を持ち、服を作るということにやりがいを感じ、ファッションの面白さも実感した、充実の4年間でした。

その中で、私は次の「目標」を持つようになりました。

ここで学んだ知識や技術を使い、自分で何かできないかと考えるようになったのです。

もともと私の性格上、誰かの下で働くよりは、自分で考えて物事を動かしていきたいという気持ちがありました。

ちょうどこの頃、結婚を考えていた時期でもあり、環境を変えて勝負に出ようと考えたのです。もちろん不安はありましたが、迷っているなら、先に行こうという気持ちが勝りました。

そして独立してすぐの2010年5月、婦人服のOEM製造として会社を立ち上げました。

実に日本に来て7年で、私は「社長」になったのです。

「社長」だけの会社

会社を立ち上げたといっても、社員は私ひとりだけです。

初めはオフィスも借りずに、自宅の一室で仕事を始めました。狭い部屋からの出発ではありましたが、これからどんな未来が待っているのかと、期待しかありませんでした。

ただ、そう簡単に仕事が舞い込むわけではありません。

これからどうやって仕事を取っていこうかと思っていたところ、それまで勤めていた会社と仕事をしていた中国の工場から、日本で「営業」をかけてほしいと依頼されたのです。

まずはそれをやってみることにしましたが、「営業」と言われても、どうしたらいいか分かりません。でも会社には、私ひとりしかいませんので、私が動くしかありませんでした。

「分からないなら、勉強して始めればいい！」

と強い気持ちを持って、まずは社長として、会社としての第一歩が始まりました。

初の受注はニット50枚！

最初に営業に向かった先は、前から面識があった小売店の社長さんで、日本国内に7店舗ほどの店を展開されていました。

現状を話したところ、その社長さんは親身になって話を聞いてくださり、

「じゃあニット50枚、お願いしようか」

と初の受注をくださったのです。私は二つ返事でそれを受けました。

初めての受注でとても嬉しく、一気にやる気に火がつきました。

この時は、その社長さんがニットのサンプルを提示してくださり、

「これと同じものを50枚作ってほしい」とご指示をいただきました。

私はすぐにそのサンプルを中国の工場に送り、同じ物を作るよう依頼をかけました。

納品するまでの様々な「壁」

とりあえずこれで、第一段階突破ですが、ただ商品ができあがってくるのを待っていればいいというわけではありませんでした。

実はここから、未知の壁が立ちはだかりました。商品を無事、約束の日までに納品するためには、様々な作業や手続きが待っていたのです。

値段はいくらで出せばいいのか。
サンプルはいつまでにあげればいいのか。
通関、関税はどうしたらいいのか。
中国でできた商品をどういう形で運ぶのか。
納品前の検品はどうするのか。

これらは一部で、他にもやらなくてはいけないことが山積みでした。
大きな会社であれば、それぞれ担当がいて、事を進めていけばいいですが、この時は私ひとりですので、これらを全て自分で行わなければなりません。

でも当時、私が胸を張ってできたものは「生産管理」だけでした。

生産管理とは、計画に沿って、サンプルがいつ上がってくるか、完成品がいつ日本に届くかなどの期間、納期のスケジュール調整と品質管理を担います。

分からないことは自ら勉強し、丁寧にこなす

仕事をしていると、どうしても目の前のタスクが増えすぎるということがあります。

その状況に、どうしていいやら、と困る方も多いでしょう。

そういう時こそ、まずはひとつひとつ、丁寧にこなしていくことが大切なのではないかと思います。

もし分からないことがあれば、自ら勉強して、知識を身に付ければいいのです。

この時も、私は山積みのタスクの前で、インターネットをフル活用し、分からないことは全て調べ、時には知り合いの人に教えてもらいながら、ひとつずつこなしていきました。

「通関」に試行錯誤

その中でも通関に関することはとても大変でした。

中国に限らず、外国から日本へ輸出入するには「通関」を通さないといけません。

通関とは、輸出入をする時にその貨物の品名、種類、数量、価格などに関する事項を申告する手続きです。さらに輸入する場合は、関税や消費税などを納付します。

これらを怠ると「密輸」となってしまいます。

この手続きがかなり煩雑で、通関業者という手続きを代理、代行してくれる会社もあるほどです。ただ、こういった業者に依頼するにしても、私自身が何も知識がないと、どうしようもありませんので、これも一から勉強しました。

関税がどれくらいかかるのか、そのパーセンテージはいくつなのか。

それを踏まえて、商品はいくらに設定するべきか。

中国からはドルで上がってきますので、それを日本円に換算しないといけません。

さらに、輸入コードを取ったり、商品に関する資料を揃えたりという作業もありました。

例えば、トップスを通関させるのに、素材や着丈、身幅、グラム数などを、全て記入した資料を作らなくてはいけません。

他にも商品を船で運ぶのか、飛行機で運ぶのかなども決めていきます。

たとえ50着でも、これらを全て間違いなく通さないと、日本には運べないのです。

ひとりでも、やってやれないことはない

納品する前には、検品作業もあります。中国の工場でも検品はされていますが、日本に入る時にも一度検品があります。さらに、納品前の最終的な検品を、私ひとりで行っていました。仕様書通りに、サイズが合っているか、どこか欠損はないかと、ひとつひとつメジャーで測りながら確認していきました。

とにかく試行錯誤の連続でしたが、様々な手続き、検品を経て、なんとか全てをクリアし、無事に50枚のニットは納品できたのです。

期日通り納品できた時は、達成感とともに、ひとりでもやってやれないことはない、と実感しました。

納品までできれば、私の会社の仕事としては、ここでいったん終了となります。

販売については小売店での対応となるからです。もしも不良品が出れば、返品されてき

ますが、この時は特に問題なく終わりました。

初めての仕事は、受注から納品まで約2か月ほどの作業となりました。

信用を得るには、約束を必ず守る

独立をしてから、それまで気が付かなかったことにも目がいくようになりました。

受注があって、そのできたものを納品する場合、どの業種でも同じだと思いますが、その締め切りを守るというのは、とても大切なことです。

約束を守らなければ、信頼も失墜します。

まれに中国の工場では、時間にルーズな場合があります。例えば、何か問い合わせをしても「すぐすぐ」と言いながら返事が3時間後だったりします。これでは遅いです。すぐというなら、私の感覚では15分ほどで返事をしなくてはいけないと思うのです。

機転を利かせて、相手をコントロールする

そういうルーズな工場の場合は、こちらがコントロールをして、納品に穴が開かないようにしないとなりません。

私が工場に仕事を依頼する場合は、必ず発注書を作ります。

取引先から3か月後に納期と決められたら、ルーズな工場に対しては、あえて「2か月」と締切を早めて発注をかけます。

「3か月」とそのまま伝えたら、納期に間に合わない可能性もあるからです。そうなったら、私が取引先に頭を下げることになります。できれば余計な謝罪はしたくありません。

実際、「2か月後に納期」と依頼しても、結局延ばし延ばしになって、ちょうど3か月で商品が上がってきたということがありました。

それを避けるためにも、機転を利かせて、相手を上手にコントロールすることは、大事な仕事のひとつだと思います。

社長になると性格も変わる!?

おそらく生産管理の仕事を始めてから、私の性格はとても細かくなり、そして強くなりました。もともとはおおらかでゆっくりした性格だったのですが……。

でもそれくらい、気持ちを強く持っていないと、ひとりでの社長業は務まらなかったのです。

「ピンチ」の中でも負けない会社に

社長として、さらに動き回る

独立と同時に結婚、そしてありがたいことに第一子を妊娠しました。

でも私は休むことなく、仕事に邁進しました。働かないと収入が途絶えるということもありましたが、せっかくスタートさせた会社の歩みを止めたくなかったのです。


独立した当時、住んでいたのは池袋でした。

アパレル関係の会社は千駄ヶ谷に多くありましたので、スーツケースにサンプルや生地、ブック帳などをたくさん入れて、電車で移動しながら、営業先を回っていました。身重の状態だったので、なかなか大変でしたが、その甲斐があり、様々な取引先から少しずつ、受注をいただくようになりました。

売り上げ的にはまだまだでしたが、とても充実していた毎日だったと思います。

実はこの時、妊娠を隠して営業に行っていました。

どうしてそれを隠していたかというと、取引先の方に心配をかけたくなかったからです。

でもお腹は少しずつ目立ってきます。それをなんとか隠そうと、お腹が目立たないような、ビッグシルエットの服を着ていました。

それを見て、取引先の方から、「燕さん、最近太ってきた？」と言われることもありましたが、本当のことは告げず、仕事を続けていました。

チャンスはとにかく手にする

今でこそ、日本では育児と仕事の両立が叫ばれるようになったようですが、やはり女性は結婚、妊娠した時点で、その先のキャリアをどうするか、ということを考える方が多いと思います。

妊娠中は、特に身体をいたわり、無理をしないようにして、仕事をセーブすることを選択する方も多いでしょう。

もちろんそれも大切なことです。

生まれてくる赤ちゃんの命ほど、大切なものはありません。

ただもし、そこにチャンスがあるのなら、なんとかしてでも、私はそれを絶対手に入れたいと考えていました。

妊娠が分かってすぐの頃です。

ご縁があり、当時ＤＣブランドを多く扱っていた企業と取引ができそうなところにいました。

私はどうしてもこの会社から受注を取りたいと思っていましたが、大手の会社になると、担当者さんの一存で簡単には決められません。

「まずは中国の工場に見学に行きたい」と言われました。

どういったところで商品を生産しているのか、というのもジャッジのひとつになるからです。

「分かりました。行きましょう！」

私は迷わず、その見学の日程を組みました。

覚悟を持つことも大事

ただ工場は中国です。もちろん飛行機に乗らないと行けません。

その時も妊娠していることは伏せていましたので、そのまま何も言わず、担当者さんと中国へ向かいました。

正直、飛行機に乗るのはできれば避けたい時期でした。

それによって、お腹の子になにかあるかもしれないと頭をよぎりましたが「私の子なら大丈夫」と強い気持ちで行きました。

結果何事もなく、行って帰ってこられました。

そしてその会社からの受注も無事取れたのです。

陣痛の中、工場に電話⁉

また、妊娠中にこんなこともありました。

第一子の出産当日でした。どうしてもその日に、工場から出荷しないと間に合わない荷物があったのです。工場とどうしても打ち合わせをしたかったのですが、病院の中では携帯電話が使えません。すでにその時、陣痛が始まっており、痛みが出ていました。

それでも私はベランダに出て、工場に国際電話をしたのです。すると、工場長が出て、

「あれ、燕さん、今日出産予定日じゃないですか？」

と不思議そうに言ってきました。私は、すぐさま言いました。

「そうなんです！　もう陣痛も始まってて、生まれそうなんです！」

さらに、

「お客さん、荷物を待ってますから、必ず本日中に出荷してくださいね」

と、念押しをしたのです。

そうしたところ、工場長が出産間際の状況で電話してきたことに、とても感激したようで、その日は従業員総出で作業をしてくれ、無事荷物を出荷してくれたのです。

その後無事に出産もし、お客様のところにも荷物が届きました。

忘れられないエピソードです。


やはり、チャンスを掴みとるためには、ある程度の覚悟を持って行動することも大切なのです。

「円安」に苦しめられる

大手の会社からは発注量は多くなりますが、それとともに懸念も増えます。

当時一番困ったのは「円安」でした。

2025年現在、1ドル150円〜160円を推移していますので、今とはまったく比べ物になりませんが、やはり10円、20円と円安になるだけで、打撃は大きいものでした。

2010年は、1ドル80円前後でした。それが2012年になると、円安がどんどんひどくなり、110円〜120円となったのです。

1ドル80円代の頃は、見積もりを出しても、取引先も何も言わず、そのままの金額でOKを出してくれていました。これが110円〜120円になると、どこの会社も口を揃えて「もっと安くしてください」と言うようになったのです。

なんとか取引が成立するように、精いっぱい調整していましたが、本当に利益ぎりぎりのところでの戦いでした。

今でもそうですが、円安にはとても苦しめられます。

自社で「ODM」を行う重要性

当時私の会社は、ＯＥＭ製造を中心に行っていました。

この場合は、取引先と私の会社の間に別の会社が1社、2社と入ります。それらの会社はデザインを考えたり、大元の取引先と関係があったりします。

それらの会社にも取り分がありますので、円安になると、1社でも中に入っていると、とても厳しくなってきます。最終的には、私の会社の取り分が減ってしまうのです。

それを打開するには、取引先と直接やり取りして、自社でデザインまで請け負わなくてはいけないと考えました。取引先のブランディングに合わせたデザイン提案ができれば、中に入る会社がなくなりますので、私の会社の利益も上がります。

ここで「ＯＤＭ」の重要性を認識したのです。

「OEM」と「ODM」の違い

まず「ＯＥＭ」とは、取引先がこんな服を作ってほしいという企画を立て、デザインまで指定した商品を、私たちの工場で作るというイメージです。

ファッション業界ではとても普及しており、他には化粧品や家電、食品業界などでもよく行われています。

分かりやすくいうと、コンビニエンスストアで売られている、プライベート商品などは、OEM商品になります。パッケージの裏を見ると、実はよく聞くメーカーが製造していることがあります。

一方「ODM」とは、企画、デザイン、ブランディングなど、トータル的に、こちらから取引先に提案して商品を作るイメージです。

全て提案できれば、取引先との間に他の会社を入れなくてもすみます。

このように「OEM」と「ODM」では大きな違いがあるのです。

「ODM」はそう簡単ではない

ODM製造をすることが、早急に必要ということは分かってはいましたが、そう簡単に始められませんでした。

ODMを行うには、デザインが描ける人が必要だったからです。

私は前に勤めていた会社で、見よう見まねでデザインを描いたことがありましたが、仕様書など、細かい作業に不安がありました。

さてどうしようか、と思いましたが、不安があるなら、それを取り除くために、「だったら勉強すればいい！」と、また行動を起こしたのです。

自らデザインの勉強へ

新宿の東京モード学園の体験講座に行ってみることにしました。ちょうど、デザイナーになりたい人向けに講座を行っていたのです。

一通り基礎を勉強してみて、これなら自分でもなんとか提案ができるようになると思いましたが、やはりデザインは感性の仕事です。

独自の感性を持ち、やる気のあるデザイナーがいたほうが、もっと仕事が効率よく回るのではないかと思っていました。

デザイナーの募集も検討したほうがいいかなと思っていたところ、その講座である女性と出会ったのです。

人を見る目を養う力

ちょうど私の目の前に座っていた女性がパターンの勉強をしていた方で、さらにデザインも勉強したいということで一緒に講座を受けていました。

それを聞き、「これはチャンス！」と思った私は、「私は会社をやっていて、ちょうどデザイナーを募集している」とその女性に話をしてみました。

するとその女性は興味を示し、一緒に仕事をしてくれることになったのです。

もちろん誰でもよかったわけではありませんが、この人なら一緒に仕事をしてもいいと感じ取ったのだと思います。

私は、そういう勘が鋭いところがあります。

今でも入社試験の面接などをすると、だいたいこんな人だろうな、と想像がつきます。その直感はだいたい当たっています。

仕事をする上で、人を見る目を養うことも、とても重要だと思います。

仕事がスムーズに流れるように

こうしてデザイナーも入り、ODM製造を受けられる体制となりました。

ODMができるようになると、取引先がこういうものを作りたいという要望に対して、すぐにデザインとして提案できます。

それまでだと、間に入っているデザインを担当する会社を通すことになるので、意見の食い違いや、意思疎通がうまくできないということもよくありました。

直接やり取りすることで、その手間も省けますし、全てのことがスムーズに動くようになったのです。

取引先の意見を存分に反映させる

OEMやODM製造をしていると、中には爆発的にヒットする商品も出てきます。

そうなった時は、小売店をいくつも持っている会社の場合は、何千、何万枚と追加受注が入ることもあります。

北海道で店舗を展開している会社の社長さんは、毎回東京に来てくださって、商品の企画会議を一緒にしていました。

社長自ら、こういった商品が作りたいと提案してくださるので、こちらでは、毎回新しい生地を用意しておいて、社長にじかに見てもらい、その場でワンピースはこれ、パンツはこれ、と決めてもらっていました。

これだとさらにスピーディーに決まっていくので、とても仕事としてはやりやすかったです。

夕方には「スニーカー」に履き替えて

独立から2年後の2012年5月に『株式会社サイコー・インターナショナル』を設立しました。社員も私とデザイナー、生産管理と3人になったので、さすがに自宅に来てもらうことはできないと、千駄ヶ谷にマンションの一室を借り、オフィスとしてスタートさせました。

それから毎朝、子供を保育園に預け、オフィスへの通勤生活が始まりました。

夕方まで仕事をして、毎日保育園の閉園時間に駆け込んで、子供を引き取って帰るという生活になりました。

相変わらずやることは山積みでしたので、1日があっという間でした。気が付くと、お迎えぎりぎりの時間になっていることもよくありました。

私は1秒も時間を無駄にしたくなかったので、夕方になると、それまで履いていたパンプスからスニーカーに履き替えていました。走って帰らないと間に合わなかったのです。

そういう目まぐるしい生活を送りながら、仕事もようやく軌道に乗ってきた矢先、また新たな試練が私の前に立ちはだかりました。

取引先が次々と民事再生へ

さらに円安がひどくなっていったせいで、民事再生となった取引先が出てきたのです。

紹介から紹介で取引先も増えている状態でしたので、ひとつ傾くと、それに連鎖して一緒に傾く会社がいくつもありました。

もちろんそういった経験をするのは初めてでしたので、最初は何が起きたのかよく分かりませんでした。

知らない法律事務所から心あたりのない手紙が来るようになり、開けてみたら、取引先が民事再生になったということが書かれていました。中には、その説明会に来てほしいと明記されていて、事の重大さを認識しました。

当時私の会社では、2か月決済でした。納品後翌々月に支払いされる形だったのですが、その入金が入る前に、3社ほどが民事再生となってしまったのです。

民事再生の場合、会社を残して負債を返済していくわけですが、借入金や買掛金などの債務の一部が免除されるため、結局払われるべき金額が入らないことになります。

私の会社でも3000万ほど引っ掛かってしまいました。

普段はあまりくよくよ考え込んだりすることはしませんが、この時はさすがに、「この先どうなってしまうのだろう」と、眠れない夜を過ごしました。

ただ幸運なことに、私の会社は連鎖倒産を免れました。

工場に事情を説明し、他の仕事を回しながら支払いを待ってもらったのです。

また、民事再生となった取引先から、別の会社を紹介してもらったりして、なんとか仕事を繋いで、危機を乗り越えたのです。

この時の試練はさすがにつらかったですが、とてもいい教訓になっています。

良し悪しを判断する力

商売をしていると色々なことが起きる上に、色々な人と出会うことになります。

まだ手探り状態で仕事をしていた時は、商品の価格なども言われ放題ということもありました。経験不足で足元を見られていたのでしょう。

この業界で何十年もやっているような人から「この値段でやってあげるから」と言われ、そのまま任せたところ、なかなか入金をしてくれないということもありました。

正直、嘘をつかれるようなこともありました。一生懸命仕事をしても、お金が入らないのでは困ります。

私はそれ以降、そういった調子のいいことを言うような人との付き合いは一切やめました。決済も1か月とし、それができない会社とは取引しないようにしました。

何が良くて、悪いのかという判断をしっかりしないと、会社は潰れてしまいます。

やはり損をするのはもったいないですから、そういった判断力を持つことも大事なことだと、身に染みて感じました。

Column

「独身の日」は一大セールで盛り上がる！

みなさんは「独身の日」をご存じですか？

日本ではまだそれほど浸透していないかもしれませんが、中国では11月11日を「独身の日」と呼んでいます。ちなみに「光棍節（こうこんせつ）」とも言われますが、特に祝日などではありません。

これは、昔からあったわけではなく、1990年代に、ある大学の学生たちが、シングルを意味する数字の「1」が四つ並ぶことから、独身者パーティーをしたり、贈り物をしあったりしたことが始まりとされています。

その後、たくさんの人たちに広まり、独身の日には、大規模なお見合い大会やイベントなどが開催されていましたが、次第に自分へのご褒美に買い物をするという習慣が広まっていきました。

そこに目を付けた、ネット通販大手のアリババグループが、2009年頃から大規模なセールを展開するようになったのです。

そこで一気に火が付き、家族やパートナーがいなくても、みんな幸せなんだから買い物しようよ！　というような風潮が加速し、今ではネット通販以外でも、百貨店やスーパーなどもセールをするようになり、一大国民イベントとなっています。

その勢いはすさまじく、独身の日に向けて各ネット通販が割引クーポンなどを発行して、購買意欲をあおります。

もちろんシングルでない人もたくさん買物をしています。

しいて言えば、チョコレートを売りたいからバレンタインデーを作った、ということに似ているのではないでしょうか。

2019年までは、その日限りのセールでしたが、2020年からは、だんだんとそのセール期間が延びるようになり、2024年は1か月近くセールが続いたようです。

Chapter 03

オリジナルブランド「ABITOKYO」始動。大ヒット商品を連発した訳

オリジナルブランドの立ち上げ

これからは「ネット通販」の時代

ＯＥＭやＯＤＭの製造に携わり、その売れ行きの変化を目の当たりにしていました。２０１３年頃から、小売店より通信販売系の仕事が、毎月のように増え始めていました。自社で持つＥＣサイトでの販売や、楽天、ＺＯＺＯＴＯＷＮなどのショッピングモールで販売する取引先が増え始めたのです。

同時に小売店の受注数量はどんどん減っていく印象で、この流れを見ながら、これからはＥＣサイトの時代、ネット通販の時代なのだなと思っていました。

この頃から、私の会社でもオリジナルブランドを作りたいという思いも膨らんでいました。もし自分でやるなら現状を見据え、店舗を持たず、ネット通販のみで販売する形態を取りたいと思っていました。

日常から生まれた「親子リンクコーデ」

どんな自社ブランドにしていけばいいかと、具体的に考え始めていた頃でした。

ちょうど第一子が3歳になり、ある日、父親と同じ柄のTシャツを着させたところ、「パパと同じだ！」と、とても喜んだのです。

それが何とも愛らしく、それを見ながら、

「もしかしたら、世の中の子供たちがみんな、こんな風に思っているのかもしれない」

と思いつきました。


たしかに、親も子供とお揃いの服を着ていたら気分も上がりますし、一緒に街を歩いていたら、周りからも注目されるはず。そこで、2015年に親子リンクコーデのブランド「E&T」を立ち上げました。

ブランド名の由来は、私と子供の名前を組み合わせたものでした。


初めてのオリジナルブランドでしたし、コンセプト自体は周りの反応もよかったので、これは売れるに違いないと、たくさんのデザインを揃え、いざ販売を始めてみると……。

これがまったく売れなかったのです！　正直その結果に唖然としました。

「マーケティングの大切さ」を知る

失敗の理由として挙げられるのが「客層の狭さ」です。

そもそも、親子で同じ服を着るのは週末など休みの時だけです。

さらに子供はすぐに成長します。お揃いのコーデを楽しみたいと思っても、その機会があまりないのだと後から知りました。


それから、価格帯が高くなってしまったのも売れなかった原因のひとつだと思います。

そもそもロット数が少ないため、その分コストが上がります。

ネット通販のみで展開する予定でしたので、サイトに載せるための写真撮影や広告費も膨らんだのも予想外でした。

この時は、モデル事務所の子供を呼んで撮影をしましたが、またこれが大変でした。

泣いたらそこで撮影がストップしてしまうのです。なので、できるだけ機嫌を損ねないように、上手にあやしながら撮影をしていました。

こういった諸経費などを含めて、利益を考えたところ、価格帯が1万〜2万となってしまったのです。

それだけ子供服にお金をかけられるのは、一部の人たちになるということが、今になってみればよく分かりますが、その時はやりたい気持ちが先走り、そこまで現実のこととして考えることができませんでした。

やはりマーケティング不足だったのも、敗因のひとつだったと思います。

理想だけでは上手くいかない

売れ行きはいまいちでしたが、展示会を行うと、とても評判は良かったです。デザイン自体は悪くありませんでしたし、やはり親子コーデは面白いからです。それに、お揃いの服を着ていたら、写真も映えるということもあったのでしょう。

もしかしたら、ネット通販だけでなく、店舗があったらもう少し売れたのかもしれません。ただ、売れるかどうか分からないのに、店舗を持つという決断は、すぐにはできませんでした。

結局、1年半ほどで「E＆T」は終了しました。

今でこそ笑い話ですが、初めてのオリジナルブランドの設立は、理想と現実の違いを思い知らされ、苦い思いをしたのです。

「チャンス」は突然に訪れた

それからしばらくは、引き続き、OEMとODMの製造を行っていました。

でもまたいつか、オリジナルブランドを作って勝負したい気持ちは持ち続けていました。

「言霊」という言葉があるように、私は普段から夢ややりたいことを言葉として口にするようにしています。そうすることで、現実になることが多いからです。

そしてそのチャンスは、突然やってきました。

ある知り合いの方と、今後について話をしていた時でした。私は、

「自社でネット通販をやっていきたいんです」

と言ったところ、思わぬ返事があったのです。

「だったら、ZOZOTOWNを紹介しましょうか?」

予想していなかった言葉に、「え! 本当ですか?」と私は驚きました。

さらにその方は続けました。

「燕社長のところは、生産能力も高いし、やれると思いますよ」

私はその力強い言葉に、迷いはありませんでした。

「ぜひお願いします!」と即答していました。

それが2018年10月頃のことで、ちょうど私は、第二子を出産した直後でした。

当時のZOZOTOWNは、まだ前澤さんが社長の時代で、採寸用ボディースーツ「ZOZOSUIT」の無料配布を開始するなど、マスコミにもしょっちゅう取り上げられており、ZOZOTOWNの認知度はかなりのものでした。

その時はまだ私の自社サイトもありませんでしたので、ZOZOTOWNで商品を扱ってもらえるということは、願ったり叶ったりだったのです。

スピードこそが成功を作る!

私はすぐに、その方にお願いして、ZOZOTOWNの担当者を紹介してもらいました。

こういうチャンスはスピードがものを言います。

「スピードこそが成功を作る」

私の持論のひとつです。

いよいよ「ZOZOTOWN」に出店!

自社製品の強みをプレゼン

当時から、ZOZOTOWN参入したい会社はいくつもあったと思います。周囲の人から新規参入はなかなか難しいと聞いていましたが、私は臆することなく、ZOZOTOWNの担当者にプレゼンをしました。

私の会社であればこういった商品を、これくらいの価格で出せると。やはり強みは、低価格で高品質のものが作れることでしたから、そこを強く訴えました。

担当者の方も、商品やこれまでの実績をよく見てくださり、

「これなら勝負できるかもしれないですね」

と太鼓判を押してくださりました。

話はとんとん拍子に進み、新しいブランドを2019年3月に始動させることとなったのです。

これがのちの「ABITOKYO」の生まれる瞬間でした。

とにかく「前へ前へ」進むのみ！

私は新たなチャンスに嬉しくてたまりませんでしたが、すぐに現実が押し寄せました。開店日まで「4か月」しか時間がありませんでした。

しかも開店初日には、デザインの型を「100型」揃えなくてはならなかったのです。それがクリアできないと、出店は許可されないのです。

なにもかもまっさらで、ブランド名すらない状態で、もちろん焦りはありましたが、私はふと、学生時代のことを思い出していました。

あの時も卒業間際の段階で、就労ビザが却下になり、新しい就職先を探すのに奔走していたことを。時間がない中、それでもがむしゃらに前へ前へと行動していました。

迷う時間すらもったいない状況でしたから、今回も同じように、とにかく前へ前へ進むしかないと思い、行動し始めました。

まずはブランド名を決める作業から始まりました。

スタートがZOZOTOWNになるということもあり、ブランド名には、こだわりを持ちたいと思いました。

そして「A」で始まる名前がいいなと考えたのです。

理由は「検索してまず初めに出てくるから」でした。

「ABITOKYO」の由来

様々な言葉を調べていったところ、イタリア語で「ABITO」という言葉があることを知りました。その意味は「ワンピースドレス」でした。

ここに、東京で企画しているということから「TOKYO」をドッキングさせ、

「ABITOKYO（アビトウキョウ）」

というブランド名が誕生したのです。

造語ですが、とても覚えやすく、その後のブランドの命運を左右するような、ベストな

ブランド名ができたと思います。

そして次に、ブランドのコンセプトを、

『東京から発信するベーシックとトレンドをＭＩＸしたレディースカジュアルブランド』

と決め、いよいよデザイン作りをスタートさせました。

泣く我が子の顔を見て奮起！

「デザイン１００型」を作るというのは、なかなか大変な作業です。

デザイナーとともに、頭を悩ませながら、ワンピース、スカート、パンツ、アウターなど、色々とデザインを考え、とにかく１００型を集めていきました。

デザインができたら、今度はそれを商品にしていかないといけません。私はすぐに、それらを生産する段取りをつけるため、中国の工場へ行くことにしました。

五日間の出張でしたが、実はその時、第二子が生まれたばかりで、まだ生後２か月の授乳期でした。当然一緒に連れてはいけませんので、日本にいる家族に託して、ひとり飛行機に乗りました。

家族はきちんとやってくれているとは思っていましたが、正直、仕事中も子供たちのことが心配でたまりませんでした。

下の子だけでなく、上の子もまだ小学生になったばかりで、手が掛かる時期でしたので、気が気でなかったのです。

私は仕事の合間をみては、中国からテレビ電話をしていました。するとある時、下の子が私の顔を見るなり「わあ！」と泣き始めたのです。

その様子に私は「え⁉」とびっくりしました。きっと寂しかったのでしょう。

もうそこで、私はぐっときて、思わず一緒に泣いてしまいました。

この仕事を必ず成功させる！

本当はもっとそばにいて、色々お世話をしてあげないといけない時期です。それなのに、こんなに寂しい思いをさせてしまって……。もちろん私も寂しい気持ちでいっぱいでした。

ここで私はさらに強く心に思ったのです。

「お互いこんな寂しくてつらい思いをしてまで仕事をするんだったら、必ずこれを成功させなくてはいけない」と……。

そこからは、さらにギアを上げ、ZOZOTOWNの開店日に向けて邁進しました。

何かを極める時には「犠牲」が伴うのかもしれません。

ただそれを、犠牲として終えるのではなく、それ以上の、最高のものをプレゼントしてあげなければ、全てが無駄になります。

試練が起きた時、私は必ずあの時の子供の泣き顔を思い出し、ここでは負けられないとさらに奮起しています。

デザイナーと「青空会議」

こうして、「ABITOKYO」の立ち上げのために奮闘していましたが、まだ産後間もないということで、家で仕事をすることも多い状況でした。

それでも各所との打ち合わせはしないといけません。リモートで相談することもありましたが、たまにデザイナーに私の家の近くまで来てもらって、打ち合わせをすることもありました。

天気のいい日は、ベビーカーを押し、近くの公園でコーヒーを飲みながら、青空会議もしました。

不思議と外で話をしていると、開放的な気分になり、今まで思いつかなかったことが、ふと舞い降りてくることがありました。

「こんなデザインがいいかもしれない！」と、打ち合わせが弾んで楽しかったことを覚えています。

目覚めのアイディア出し

今でも、会議室でひとり悶々と何かを考えるよりは、場所を変えて、カフェなどで考え事をしたほうが、いいアイディアが生まれることがよくあります。

これは経営のノウハウのひとつとも言えます。

また、家でリラックスしている時や、寝る前の時間、それから朝起きて、少しボーッとしている時に、ふと経営のアイディアが湧いてくることもあります。

意外と、ふとさりげなく思いついたことが、良いアイディアだったりします。

適度に気を緩めて、頭をリラックスさせるのも大切なのでしょう。

いよいよ「ABITOKYO」オープン初日！

100型の商品も調達でき、2019年3月14日が、ZOZOTOWNでの「ABITOKYO」オープン日と決まりました。

いよいよここから、本気の勝負が始まると思いました。まずは商品が売れないと話になりません。

ZOZOTOWN側からは、初日に200万の販売金額のノルマが設定されていました。実はこれを達成できないと退店になってしまうのです。

「ABITOKYO」は、これが初お披露目でした。

正直、ほとんどの人がそのブランド名を知りません。でもそんな言い訳は通用しませんでした。

もちろん自分たちで、サイトから購入することはできませんので、とにかく、初日200万を売るための努力が始まりました。

まだスタートしたばかりのブランドですので、大きな広告費はありません。

とにかく、SNSなどで発信をしながら、スタッフ総出で、友人や親戚に連絡をして、「3月14日からZOZOTOWNで販売が始まるので、協力してほしい」「1枚でもいいから購入してほしい」とお願いをしました。背に腹は代えられません。せっかく掴んだチャンスを手放すわけにはいかなかったのです。

そして迎えた初日。心臓のドキドキが止まりませんでした。

果たして売れるのかという心配もありながら、これからすごいことが起こるかもしれないという期待もありました。

販売状況に一喜一憂

販売枚数はデータとして確認ができました。1時間ごとにその売れ行き枚数が分かるようになっていました。更新時間になると、私はパソコンの前にくぎ付けになり、その販売状況に一喜一憂していました。販売数が鈍くなると、焦りも出ました。

「どうしよう！　このままでは退店になる！」

あらためてスタッフ総出で、

「まだ販売数が足らないので、購入をお願いします」

と、さらに友人たちに連絡を取りました。

みんなで一丸となった結果、200万のノルマは達成し、初日を終えることができたのです。その時に協力してくださったみなさまには、本当に感謝しかありません。

こうして激動の初日を乗り越え、「ABITOKYO」は大海原に出航しました。

爆発的ヒットを作り出す「力」

なかなか売り上げが出ない日々

初めの数か月は、あまり売り上げがいいとは言えませんでした。

でも、商品は常に新しいものを出していかなくてはなりません。次のシーズンの準備をしながら、どうしたら売り上げが伸びるのか、より魅力的な商品が作れるのかを考える毎日でした。


ネット通販は、やはり写真が命のところがあります。お客様はモデルが着用している写真のみで、購入するかどうか判断するからです。

当初は、どういった写真を載せたら効果的なのか、というようなこともよく分かっていませんでした。今思うと、よくこんな写真を載せていたなと思うほどですが、当時はとにかく必死でした。

ちょっとした工夫で、売り上げが上昇！

写真自体はプロのモデルとカメラマンに依頼して撮影していました。

その後、写真に修正をかけていましたが、それができるスタッフは特にいませんでしたので、私自身がＹｏｕＴｕｂｅなどを見ながら、フォトショップを使い、写真の修正をすることもありました。

ただ、色々試していくうちに、正面姿と後ろ姿の写真を載せるとより分かりやすいとか、モデルの顔はカットして服だけ見せたほうがお客様も服に目が行きやすいとか、そういうことをだんだん学んでいきました。

それと比例するように、売り上げも少しずつ上がっていったのです。

写真ひとつにしても、ちょっとした工夫で売り上げが上がるなら、やらない手はないと思います。

仕事をする上で「こんなことしたって、どうせ無駄」ということはありません。

気になるなら、まずは現状を変えてみる。

それでもだめなら、何がいけないのかを分析して、さらに修正を加えていくことが大切だと思います。

爆発的ヒット！「月5000万の売り上げ」

こうして、ZOZOTOWNで販売を開始してから、3か月ほど経ったある日、ちょうど夏物の服を販売し始めた頃でした。

あるワンピースが、爆発的にヒットしたのです。

それまで、1日何万円かの売り上げだったのが、そのワンピースは一日に何百枚も売れ、気が付けば、月5000万の売り上げを出していました。

その爆発的ヒットを出したワンピースは、デザイナーと相談しながら、流行りを取り入れつつ「こんなワンピースがあったらいいね」という思いで作ったものでした。

デザインとしては、Aラインで、ウエストがシャーリングになっている夏物のマキシワンピースでした。

体形に合わせて、ウエストを縮めたり広げたりできるので、たくさんの人にフィットしたのでしょう。

今度は「売れすぎて」寝られない!?

とにかく青天の霹靂でした。

もちろん商品は売れてほしかったのですが、それはあまりに突然に訪れ、いざ実際に想像以上に売れだすと、思考が追い付かない状況になりました。

「え、こんなに売れていいの!?」と。

ＺＯＺＯＴＯＷＮでは、売れ筋がランキングで表示されますが、それがずっと1位をキープしている状態にも、初めは何が起きたのか分かりませんでした。

毎時更新になる売り上げ枚数を見ながら、「どんどん売れてる！」という喜びとともに、「これからどうなっていくの?」という思いが交錯し、むしろ緊張感に襲われました。

２０１２年頃に取引先が民事再生となり、入金が滞り心配で眠れない状態がありましたが、今回は「売れすぎて」眠れなくなってしまったのです。

そのワンピースがヒットした理由は、いくつかあるとは思いますが、やはり「デザインが良かったから」だと思います。

さらにマーケティングにも力を入れていました。

「これからどんなものが流行るか」

「どんなものが売れそうか」

「どのくらいの金額なら、お客様が求めやすいだろうか」

そういったこともデザインに反映させた結果が出たのだと思います。

色展開も増やして、街で見かけるほどに

注文が入るごとにどんどん追加生産し、初めは3色展開でしたが、最終的には10色ほど展開させせました。

この頃になると、実際街中で着用している人を見かけるようになりました。すぐに「ABITOKYOのワンピースだ!」と分かり、とても感激したことを覚えています。

そして、もっと「ABITOKYO」の服で街を彩りたいと思うようになりました。

このヒットをきっかけに、コンスタントに売れ筋商品が出始めました。

その次に売れたのもワンピースでした。これも1枚でさらっと着られて、お洒落になるようなデザインでした。

「ABITOKYO」の語源のひとつである『ABITO』は「ワンピースドレス」という意味ですので、まさにブランド名をそのまま体現するような商品がどんどん売れていったのです。

初めての爆発的ヒットから1年後には、月に1億ほど売り上げが出るようになり、その2年後には、月2億の売り上げを達成していました。

ZOZOTOWNからも一目置かれる存在に

それだけの売り上げを出し始めると、ZOZOTOWNの担当者さんからも、一目置かれるようになりました。

「どうやってそんなに売り上げを作ってるんですか？」

「何かノウハウでもあるんですか？」

などと聞かれるようになりました。

ZOZOTOWNにはたくさんのブランドが入っています。人気のところもあれば、そうでないところもあるようです。さらに、長年出店しているからといって、売り上げが上がるというわけでもありません。

きっと「ABITOKYO」の快進撃を驚いて見ていたことでしょう。

私はその時、こう答えました。

「ただひたすら、やるべきことをやっているだけです。そうしたら売れたのです」

もう何もかも初めてのことばかりで、とにかくがむしゃらに進むしかありませんでした。

「私がいいなと思う商品を作る」

本当にそれだけだったのです。

他社を圧倒するような商品作り

ヒット商品が生まれると、すぐに類似品が出回るようになりました。

こういうデザインが人気なんだと分かれば、他のメーカーも黙っていません。

もちろん類似品は気持ちよくありませんが、真似されるということは、それだけ影響力があったということだと、ポジティブに考えていました。

それに、いちいちそれに目くじらを立てている暇もありませんので、それ以降、「他社を圧倒するような商品を作る」ということを意識していきました。

スタッフ増員、販売経路の拡充

それまでOEMやODMを担当していたスタッフも全て「ABITOKYO」の商品の担当をしてもらうこととしました。

2020年5月には、ファッションサイト「SHOPLIST」でも販売を開始し、9月には公式オンラインストア「ABITOKYO」をスタートさせました。

販売経路を拡充することで、よりたくさんの人に目に付きやすくなります。

立ち上げから2年、「ABITOKYO」の第2章が始まったのです。

Chapter 04

「ABITOKYO」の
強みは
「商品力」

商品への絶対的自信

低価格でも「高品質」にできる理由

「ＡＢＩＴＯＫＹＯ」の強みは、やはり「商品力」です。

他社よりも安価でありながら、品質は変わらない、もしくはそれ以上のものを提供しています。

なぜ、こういったことが実現できているのか。

それは「中国の工場と直接やり取りできる」からです。

これは会社を設立した当初から変わっていないところでもあります。

大量生産せずに、１／３の価格を実現

例えば他社で数万円するようなコートを「ＡＢＩＴＯＫＹＯ」であれば同じ品質で約１／３の値段で作ることも可能です。

もはや、卸値のような金額で販売できるのです。

たしかにメーカーによっては、低価格の商品を出しているところもあります。そういうところは大量生産をして、原価を抑えているのだと思います。そのためにデザインも均一化しており、流行を追うというよりは、ベーシックなもので勝負をしているように見えます。

でも「ABITOKYO」では、大量生産をせずとも、低価格を実現し、さらには生地の素材や編み方にこだわり、ボタンなどの装飾品も流行を取り入れたデザインを多く製作しています。

工場とも納得がいくまで相談ができるので、高品質でバリエーションに富んだ商品ができるのです。

これは「ABITOKYO」の最大の強みであり、メリットです。

そして私が自信をもって、自社製品をお勧めする理由です。

会社とお客様が「WIN－WIN」な関係で

お客様に初めて「ABITOKYO」の商品を手にとってもらうと、その品質の良さに驚かれます。そしてみなさん口を揃えて、

「本当にこの値段でいいの？」と仰います。

私はこの言葉を聞くと嬉しくなります。そしてこれは、とても大切なことだと思っています。

もし期待以上の商品が届けば、また購入したいという購買意欲も掻き立てられますし、なんといってもブランドに対して信頼が生まれます。

「ABITOKYO」で買えば、良いものが手に入るという信頼です。

この品質であれば、もしかしたら、もっと価格を上げても売れるのかもしれません。でもそこはあえて、ぎりぎりのラインで価格設定をすることで、お客様とWIN－WINの関係を築けると思うのです。

「お洒落がしたい」「可愛くなりたい」という願望をみなさんお持ちだと思います。

もちろん毎月ファッションにかけられる金額には限度があって、その中でやりくりしながら、買い物をしていることでしょう。

少しでも安く、高品質のものが手に入るのであれば、こんな嬉しいことはないのでは、と思うのです。

生産工場は商品によって選定

初めはひとつだった工場も、現在はいくつも稼働させています。

ひとつだけでは間に合わないということもありますが、工場によって特色があるので、それを生かしています。

例えばこの工場だったら、布帛《ふはく》が得意だとか、この工場はニットが得意だとかありますので、商品のデザインによって工場を選定し、発注をかけています。

ニットをひとつ作るにしても、毛糸の太さはどうするか、肌触りはどうするかなど、商品のイメージがあります。

それを効率よく形にしてもらえるほうが、さらに多くの商品を作ることができます。

これがもし、ニットが得意でない工場に依頼すると、それだけやり取りも増えますし、なんといっても時間のロスが生まれます。


時間を無駄にするほどもったいないことはありません。

物事を進めるには、やはりスピードが勝負だと思います。

繰り返しの作業が品質を高める

工場に依頼をかける場合は、まずは指示書などでイメージを伝えていますが、サンプルが上がってきてちょっとイメージが違う、ということもよくあります。

「もっとこういう感じにしてほしい」と伝えて、何度も修正を繰り返します。

ようやくイメージ通りのサンプルができたら、色展開、サイズ展開を進めます。


もちろん私もそのチェックを行っていますが、毎回思うのは、

「ひとつの服を作るのはそう簡単ではない」

ということです。

データをコピー&ペーストするかのように、ボタンひとつで気に入ったものができれば簡単ですが、そうはいきません。

でもその繰り返しの作業を行うからこそ、お客様に満足いただける商品に近づきます。

「これくらいでいいや」と妥協した時点で、その商品はもう終わりだと思っています。

ひとつひとつ、こだわりを持ってこそ、高品質の商品となりますし、お客様にまた「ABITOKYO」で購入したいという思いを、さらに強く持ってもらえると思うのです。

大量の新作を生み出せる力

当然のことながら、毎シーズンごとに、大量の新作商品を発表しています。

商品自体は約1か月でできあがってきますので、もし売れ行きのいい商品については後から追加生産という形で柔軟に対応しています。

これも「ABITOKYO」ならではのメリットのひとつです。

サイズ展開の必要性

「ＡＢＩＴＯＫＹＯ」を作ってから数年は、全てフリーサイズで商品を展開していました。

実はサイズ展開を始めると、パターンをいくつも作ることになるので、手間がかかります。

それがあることをきっかけに、サイズ展開の必要性を認識したのです。

また次の章で詳しくお話をしますが、２０２３年11月15日から「ライブコマース」という新しい販売方法で、商品の販売を始めました。


ライブ中は、チャットでお客様の声をダイレクトで聞くことができるのですが、私が商品を紹介していたところ、

「それは、ＬＬサイズでも着れますか？」

とお声をいただいたのです。

私ははっとしました。

ＥＣモールでの販売では、そういう細かな意見というのは、直接届いていませんでした。

たしかに様々な体形の方がいらっしゃいます。

もしかしたら、買っては見たものの小さくて着られなかったとか、逆に大きすぎて着られなかったということもあったかもしれません。

お客様の声をダイレクトに聞く

それまでサイズ展開はあまり考えていませんでしたが、それをきっかけに、M、L、LLなどサイズを豊富に揃えるようになりました。

ただデザインや生地によっては、サイズ展開ができない形もあるので、そこは難しいところですが、できるものについては、全てサイズ展開を行っています。

サイズに幅をもたせることで、よりお客様も購入しやすくなったのではないかと思います。

あらためて、お客様の声をダイレクトに聞くことの大切さも知り、その後の販売展開の大きなきっかけを作ってくれました。

流行を取り入れて、お客様を惹きつける

流行に敏感になって企画

先述した通り「ABITOKYO」のコンセプトは、『東京から発信するベーシックとトレンドをMIXしたレディースカジュアルブランド』ですので、やはり毎シーズン、流行には敏感になり、できるだけデザインに取り入れて商品を企画しています。

ベーシックのみでもいいかもしれませんが、それで勝負している他社はいくつもありますので、ベーシックに流行を融合させることで、よりお客様の興味を惹きつけるような商品にしたいと考えています。

2023～2024年にかけては、特に異素材の組み合わせやキラキラしたライトストーンやパールなどが流行りましたので、それらを取り入れた商品をいくつも作りました。

また「ABITOKYO」の特色のひとつでもある、デニムと異素材のドッキングのトップスやアウターなど、あまり他では見ないデザインも数多く製作しています。

決して「手間」を惜しまない

服は1枚の布からできています。

それぞれのパーツで型紙も分かれていきますが、全て同じ布で作れば、もちろん手間もコストも抑えられます。

でも今の流行を取り入れるには、袖や裾の一部の生地を変え、身頃に装飾品を付けたりと、一手間二手間増えていきます。

私は手間が増えるから、コストが上がるからという理由だけで、それらを削るようなことはしたくありません。

お客様が喜んでくださるなら、手間が増えてでも「ABITOKYO」らしい、デザインにこだわった商品を作り続けたいと思っています。

「マーケティングリサーチ」の重要性

普段から、街ではどんな服が流行っているかというリサーチも欠かしません。大まかなところはデザイナーに任せていますが、私自身もあちこちにアンテナを張って情報を得るようにしています。

やはり商品を売るには、マーケティングリサーチは必要不可欠です。シーズンごとのコレクションや展示会にも足を運び、普段のショッピングの途中でも、今はどんなものが流行っているのかをチェックするようにしています。

そこで意識しているのは「私が着たい服はどんなものだろう」という点です。

普段よく行くのは、新宿や表参道、代官山などです。

新宿は店が多いですし、表参道はブランド店がたくさんありますし、代官山はなんといってもお洒落です。それぞれ違った視点でリサーチができるので、できるだけ多くの街に足を運ぶようにしています。

またネット通販で買い物することもよくあります。その時はＺＯＺＯＴＯＷＮを利用することが多いです。やはりＺＯＺＯＴＯＷＮの魅力はたくさんの店が出店しているところです。

ほとんどの人は、店がたくさんあるところで買い物をしたいと思うことでしょう。そのほうが、たくさんの商品の中から選べますし、よりいい商品に出会えます。

ＺＯＺＯＴＯＷＮでも、トップスが欲しいなと思えば、商品がずらりと出てきます。そのたくさん商品がある中の、売れ行きランキングなども、流行を見るにはとてもいいです。

ＳＮＳなどを活用して情報を得る

他には、インスタグラムなどのＳＮＳもチェックします。

最近は着回しコーデなどを載せているインフルエンサーもたくさんいます。企業もそういう人たちとコラボをして、商品を作るようなところも増えています。

メーカー側が「これがいいです。流行ります！」と発信するより、もっと自分に近いインフルエンサーが実際に着用して、その商品の良さを訴えるほうが、なんだか親近感も湧いて、自分にも似合うかもという気になるのでしょう。

今はどこにいても情報が得られる時代です。

特にSNSは流行にとても敏感ですので、何が流行っているかを見るには、とてもいいツールだと思います。

「流行」と「ニーズ」

春夏ものであれば、秋冬にはテーマ決めを行い、どんなデザインを作るかという企画会議が始まります。

商品の企画がどうしても半年は先取りになりますので、次に何が流行ってくるかということを見極める力はとても大切です。

ただ「流行」とは面白いもので、時間をかけて徐々に流行ることもあります。

流行の発信地と言えば、パリコレクションなどですが、そのコレクションで発表されたデザインが、すぐに巷で流行るかというとそうではありません。

それらをデザインに取り入れているのに、なかなか売れないということもよくあります。

斬新すぎるデザインは売れない!?

「ビスチェ」はそのいい例のひとつです。

コレクションをチェックするような、お洒落に敏感な人であれば、新しいものでもすぐに取り入れようとしますが、普通に「流行っている服」を選ぶような人たちにとっては、なかなかハードルが高いものだったようです。

そもそも「ビスチェ」とは、肩ひもがなく、丈の長さがウエストのあたりまであるブラジャー型の下着のことを言います。

出始めの頃は「こんなタンクトップみたいなもの、どんな風に着るの?」という傾向があり、なかなか売れませんでした。

でも時が流れ、今はデザインも増え、お洒落アイテムのひとつとなっています。

他には「シアー素材」の服も、流行として浸透するまで、だいぶ時間がかかりました。

今ではごく普通に着られていますが、コレクションなどで発表されたのは4年もさかのぼります。

「ABITOKYO」でも、早いうちからシアー素材をデザインに取り入れていましたが、初めのうちは、お客様からの反応は、「インナーが透けて見える」「恥ずかしくて着られない」というものが多くありました。

「シアー」とは、英語の「ｓｈｅｅｒ」からきていて「透き通った」「透明感のある」という意味です。ファッションで言えば、オーガンジーやシフォン、チュール素材など透けて見えるもののことを指します。

今では、切り替えで袖や身頃の一部にシアー素材を入れるというデザインも増え、冬でも上手に着る方も増えました。

徐々に「新しい流行」を作る

新しいものはそう簡単には受け入れられないこともあります。

ただ、そのデザインとの接触の時間が増え、視覚的にも慣れていけば、こういう服もありなんだ、という気持ちの変化も出てきます。

そこは時間が解決していくので、売れないからとすぐに諦めるのではなく、徐々に広めて、新たな流行を作るということも、服を作る上で大事なことのひとつだと思います。

より良い商品を作るためには

良いチームワークで商品作り

現在、私の会社では20名前後の社員が在籍しています。20代~40代と世代も広く、それぞれ活発な意見を出し合います。ほとんどが日本人ですが、生産管理だけは中国人の社員が担当しています。これはやはり、中国の工場とのやり取りが頻繁にあるからです。

アパレルに限らず、会社で何か企画を進めたり、製作したりする時はチームワークがとても重要になってきます。

私の会社でも、チームワークは重要視しているもののひとつです。

チームワークが良ければ、それだけ活気も生まれますし、「さあ次はどんなものを作って、売ろうか！」と士気も上がります。

そのチームワークがちぐはぐしていたら、商品の方向性にすら、ずれが生まれてしまうと思います。

おそらくそういう「ずれ」はお客様も感じ取るでしょう。

そうならないためにも、風通しのいい職場を意識し、社員の言葉には意識して耳を傾けるようにしています。

ありがたいことに、今は社員みんな仲良く、とてもいい雰囲気で商品作りができています。コミュニケーションも楽しく取れるように、ハロウィーンやクリスマスなどのイベントもみんなで楽しむようにしています。

本人のやりたいことを引き出す

最近の若い人たちは、

「打たれ弱い」

「口うるさく言われるとすぐに会社を辞めてしまう」

などとよく聞きます。

私の会社では、みんながやりがいを感じて集まってきているので、そういうことはありませんが、私は基本、社員に対して、あれしろこれしろと口うるさく言うことはありません。できるだけ本人がやりたいことを引き出すようにして、一番向いている仕事をやらせたいと考えています。

口うるさく言ったところで、やる気が出るわけでもありません。

「自分がこれをやりたい」という気持ちがなければ、どんなことをするにしてもうまくいきません。

だったら、その本人の気持ちを引き出すことに労力を注いだほうがいいと思うのです。

周りからの意見を吸収する

私は若い頃から、はっきりと意見を言うタイプでした。

独立する前も、仕事に対してこうしたほうがいいと思ったら、会長や上司にその意見を伝えていました。

何も言わずに悶々としているより、はっきり言ってしまったほうが、より円滑に仕事が回るからです。

今は社長という立場になり、指示を出すほうが多くなりましたが、できるだけ周囲の意見を聞いて吸収したいと考えています。

そういう気持ちを持つことで、そういった考えもあるのかと気付かされますし、やっぱり一緒にやっている感が増します。

ワンマン社長は、会社を潰します。

私はそういうことは一切しません。

むしろ、「社長、こんな風にやりたいです！」と意見を言ってもらえることほど、嬉しいことはありません。

時には、相手を説得することもある

ただ、仕事を進める上で「どうしてもこれだけ譲れない」ということも出てきます。

私が迷いなく「こうするべきだ」と思うことに対して、反対意見が出たら、相手を説得することもあります。

なんでもかんでも、はいはいと聞いていたら意味がありませんし、そこの線引きはきっちりさせないと「誰がこの会社の社長なの？」ということになります。

ただし、私自身の中に選択肢がいくつもあるならば、周りの意見を大いに参考にすることにしています。

「デザイナー」は感性の仕事

『「ABITOKYO」のデザイナーに向いているのはどんな人？』

と聞かれたら、

「真面目で前向き、素直な人」

と答えると思います。

デザイナーは感性の仕事です。

「好きこそものの上手なれ」

と言いますが、服が好きなことは第一条件で、あとは自分なりの個性や配色のセンスなども大事になってきます。

常に新しいものに興味を持って、一生懸命感性磨きをできる人が向いていると思います。

私自身も、ファッション業界の仕事に就くようになり、服が好きなんだということに目覚めました。

それからは「綺麗になりたい」という気持ちもより強くなったので、様々なものを見るようになり、どんどん感性が磨かれているような気がします。

「磨けば光る」というのは本当だと思います。

最初はそうでなくても、自身の努力で磨けば、必ず結果として現れるはずです。

東京モード学園とのコラボ企画

これまで2度ほど、東京モード学園に通っている学生さんに「ＡＢＩＴＯＫＹＯ」の商品を見てもらって、デザイン提案をしてもらうというコラボ企画を行いました。

200名ほどの学生さんに参加いただき、優秀な作品に金賞、銀賞、銅賞を贈り、そのデザインを基にサンプルを作り、実際に商品化し、ZOZOTOWNで販売まで行いました。

みなさんデザインを勉強しているだけあって、個性豊かな作品が揃いました。「売れる商品」になるには、まだまだこれからという感じではありましたが、お互いに切磋琢磨できた、いい企画だったと思います。

ファッション業界で勝負したいと思う人は、こういうコンペなどで自分の力を試してみるのもいいのではないでしょうか。

人の目に触れることで、自分のデザインを客観的に見ることができますし、売れる商品とはどんなものなのか、ということも実感すると思います。

Media Coverage

2021年（令和3年）10月22日　金曜日　（10）

パーソン

ファッション系ライブコマースで市場作る

Sホールディングス社長

燕　泳静さん

ファッションを盛り上げる挑戦続ける

3年目でEC売上高30億円を見込む

記者メモ

会社の成長とともに、
新聞やテレビなど、
様々なメディアから取材を
受けることも多くなりました。

Chapter 05

日本で
「ライブコマース」を広げて、
新しい販売ツールで
もっと活気のある日本へ

「ライブコマース」を日本でメジャーなものに

姉の一言が私を動かした

ＥＣモールでの売り上げが月に2～3億を達成するようになり、さらに商品を、もっとたくさんのお客様に知っていただくようにするためには、どうすれば良いかと考えるようになりました。

ちょうどその頃、中国にいる姉からこんなことを言われたのです。

「**今中国で、ものすごくライブコマースが流行ってるから、日本でやってみたら？**」

その言葉に、私は「なるほど」と思いました。

日本にいる私では気づかなかったことでした。

「ライブコマース」とは？

ライブコマースと聞いて、どんなものかすぐにお分かりでしょうか。

ＴＩＫＴＯＫの「燕チャンネル」をご覧いただいている方は、すぐにイメージ共有ができると思いますが、日本ではまだまだ浸透しておらず、どんなものかよく分からないという方も大勢います。

ライブコマースとは、ライブ配信を通じてお客様とコミュニケーションを取りながら商品を販売する手法のことです。

「テレビショッピング」との違い

似たようなものと言えば「テレビショッピング」ではないでしょうか。

タレントさんや専門家が出演して、商品を紹介し、テレビ番組として、商品を販売しています。夜中に便利なグッズや家電などを紹介していると、つい欲しくなってしまう方も多いでしょう。

ただ、ライブコマースとテレビショッピングは、似て非なるものです。

テレビショッピングは商品を一方的に説明するのに対し、ライブコマースは、ライブ配信のチャット機能を使い、その場でお客様と会話をしながら、情報を発信することができるのです。

もしその商品について質問があれば、その場で回答もできますので、より安心して買うことができます。

中国のライブコマース事情

すでに中国では、ライブコマースは圧倒的な人気を得ています。

その始まりは２０１６年ですが、今や30兆円以上売り上げており、たった8年ほどで急成長を見せています。

そもそも中国には、ライブコマース専門のＥＣモールがいくつもあり、朝から晩までずっとライブ配信をしています。

いつでも見られるということから、若い人から年配の人まで気軽に買い物をしています。

その中で一番紹介されている商品は、ファッション関係のものです。

中国でライブコマースが定着した背景には、ライバー（ライブ配信者）と呼ばれるインフルエンサーの存在があります。

ＫＯＬ（Ｋｅｙ　Ｏｐｉｎｉｏｎ　Ｌｅａｄｅｒ）と呼ばれる、ある分野に特化した、専門的なインフルエンサーがいます。

扱う商品は、ファッションやコスメ、サプリメントなど多岐にわたっており、そのＫＯＬ自体に、たくさんのファンがついています。このＫＯＬが紹介する商品なら信頼できると、ファンたちがこぞってその商品を買うのです。有名なＫＯＬになると、１日で何億と売り上げを出すそうです。

また、そういったＫＯＬは、メーカーと価格交渉を行い、ライブコマースでお得に購入してもらえるようにするなど、他の販売チャネルとの差別化もできています。

アメリカでもライブコマースは盛ん

中国以外でも、ライブコマースは盛んです。

２０２０年頃まではウォルマートがクリスマスセールなどの大規模セールで、実験的にライブコマースを実施しているだけでしたが、その後専用サイトが立ち上げられるなどして、現在では日々多くの配信が行われているそうです。

２０２３年末には、ライブコマースの売上高が５５０億ドルを突破し、さらに２０２６年までには、アメリカ国内の販売数の５パーセントを、ライブコマースで占めるだろうと予測されています。

日本でライブコマースが浸透しない理由

他国ではこれだけ人気のあるライブコマースが、なぜ日本ではほとんど浸透しないのでしょうか。

その理由のひとつに、ネットでの購買率の低さが挙げられます。

世界のネットでの購買率は20パーセントと言われていますが、日本は8パーセントほどしかありません。

２０２０年のコロナ禍以降、外に出られない時期もあったので、ネットを使って買い物をする人もだいぶ増えたようですが、まだまだ抵抗があるという人が多くいます。

「思っているものと違ってたら嫌だ」

「サイズが合わなかったらどうしよう」
などの理由から、なかなか踏み出せないようです。

でも私は、このネット購買率の低さが、むしろ勝機を見出せるものに感じました。

「ライブコマース」のメリット

ライブコマースのメリットとしては、ネット通販特有の「写真のみで商品を判断しなくていい」ということがあります。

服で言えば、商品を実際着て説明できるので、スカートやパンツなどの丈感も分かりやすいですし、素材感を見たいという声が上がれば、アップで見せてあげることもできます。

チャットのコメントにもすぐに返答することができますので、実際、お店に行って接客されているような形で買い物ができます。

お客様も気になったことを確認しながら買い物ができますので、とても助かると思います。

実際、「お店に行かなくても買い物ができるから、とてもいい」
というコメントをよく見かけます。

ないなら自分で作ってしまえばいい

姉からアドバイスを受けた2020年頃、私もすぐに日本でライブコマースができるサイトなどを調べましたが、なかなかこれだ、というものはありませんでした。

メルカリなどで、以前は行っていたようですが、私がやろうと思った時期にはすでに撤退していました。

いいことずくめのライブコマースなのに、日本でできないということに、初めは愕然としましたが、私はそこでめげませんでした。

専門のECモールがないなら、自分で作ればいいと考えたのです。

そして2021年、ファッションをメインとしたライブコマース機能付のEC通販モール「1899モール」を立ち上げました。

ライブコマースモール「1899モール」の立ち上げ

みんな幸せ「一富天地（いっぷてんち）」

「1899モール」というネーミングは、私が名付けました。造語である「一富天地（いっぷてんち）」からきており、その意味を簡単に言うと「みんなに幸せになってもらいたい」ということになります。中国では、「99」という数字に、「天地」という意味があり、8には「富」の意味があります。

この天地（宇宙空間）の中で、自分の一富を掴んでほしいという意味を込めています。

お客様であれば、自分の好きなものを買ったら「富」になりますし、このモールに出店する方たちにとっては、売り上げが上がれば「富」になります。

みんながwin－winの天地になればいいなと考えたのです。

クリエイターを起用してのライブ配信

この1899モールが、他のECモールと違う点は、ライブコマース機能がついているということです。

通常のECモールは商品を販売するだけですが、1899モールはライブ配信もできて、その画面から簡単に購入できるようになっています。

スタート当初は、知り合いのクリエイターやインフルエンサーに出店いただき、ライブ配信を行いました。

それぞれのファンの方たちが視聴してくださり、商品もそれなりに売れましたが、同時に改善していくべき点にも気が付いたのです。

モールを維持するための課題点

独自のECモールを維持し、ライブコマースを広げるためには、いくつか課題が浮かび上がりました。

①お客様の集客
②モールを維持管理するための資金
③ライバーの不足

まずこのモールにお客様が来てくれないと話になりません。始めたばかりのサイトですので、大きな広告は打てません。

そこで頼るのが、クリエイターのファンの方たちになりますが、そこに甘えるのではなく、いかに一般の人たちを惹きつけて、視聴してもらうのか、ということになります。

そして、モール自体の維持や管理にもだいぶ労力を取られます。

一からプラットフォームを作ることになりますので、その投資する費用は何億円単位となってきます。

これまでもライブコマースに挑戦しようとした企業はあったはずですが、みなさんこの資金の面で壁にぶつかったのだと思います。

開設当初は必死にお客様を集めようとしますし、話題性もありますので、それなりの回収ができても、それが持続しなければ意味がありません。

それが、ライバーの不足ということに繋がってくるのですが、例えば有名な芸能人やインフルエンサーなどを使って、一気に何千人と集客することはできるかもしれません。でもそういった方は、忙しいということもありますので、継続して配信するということが難しいのです。

やはり、ライブコマースを成功させるには、常にライブ配信をし続けることが必要になってきます。

今は、そういう人材が圧倒的に足らないのです。

ライバーはそんなに難しい⁉

では、どうしてライバーが不足しているのでしょうか。

最近はＳＮＳでライブ配信を行う若い人も多くいます。ただそれは、どこかお友達との会話の延長という配信が多いです。

ライブコマースの場合は、商品を売ることが目的になりますので、その商品の良さ、服であれば、こういう風にコーディネートしたらいいよ、ということを瞬時に判断して話す必要があります。

コメントが入れば、それに返答する臨機応変さも必要となってきますし、ただおしゃべり好きなだけでは務まらないのかもしれません。

また、売る商品が手持ちにないと、そもそも配信ができないということもあります。

そこで私は、諸々手を付けなくてはならないことがありますが、まずはライブコマースを日本で浸透させるには、ライバーの育成が急務と考え始めたのです。

自らライブ配信に挑戦！

自分でライブ配信をやってみよう！

ライバーの育成を考えるようになり、まずは自分でも経験が必要だと思うようになりました。どれくらい難しいことなのか、身をもって知りたいと思ったのです。

どんなことでもそうですが、机上の空論では話になりません。

自分でじかに感じ、考えないと、説得力も生まれません。

私は「ＡＢＩＴＯＫＹＯ」の服を引っ提げて、ライブコマースを始めることにしました。

第１回目のライブ配信は、２０２３年11月15日のことでした。

初めてのライブ配信はさんざん!?

初めてのライブ配信は、「１８９９モール」ではなく、ＴＩＫＴＯＫのライブ配信機能を使うことにしました。

「1899モール」はより良いプラットフォームになるための改修中ということもあり、より馴染みがあるSNSでやってみようと思ったのです。ライブ配信ができるSNSはいくつかありますが、まずは若い世代に人気もあり、機能としても使い勝手がいいTIKTOKを選びました。


まずは朝8時~9時の1時間でライブをスタートさせました。初日に来てくれたのは、たった5~6人のお客様でした。

私は「ABITOKYO」の商品を着て、とにかく一生懸命、説明を始めました。すぐにコメントも入らないので「このままで大丈夫なのだろうか」と不安に思いながら、ライブを続けました。

当然ですが、この時はまだ「服が欲しい」「服が見たい」という方が視聴しているわけではなく、「いったい、何が始まるの?」という興味本位の方だけだったと思います。

そして必死に配信をしている中、ようやく入ったコメントが、

「お姉さん、可愛いですね」

だったのです。私は思わず体の力が抜けました。

当時、デザイナーと一緒に配信をしていました。

私の身長は154センチ、そのデザイナーは168センチあり、身長差があるので、商品の着比べもできていいだろうと思っていたのですが、それを見てなのか、

「社長をおんぶしてみてください」

と、またどうでもいいコメントが入ったのです。

「そういうことじゃないんです！」と言いたい気持ちでいっぱいでした。

身をもって知るライバーの気持ち

思ってもいない反応に、私はすっかり紹介する気が失せてしまいました。しかも顔に出やすい性格ですので、きっとむっとした顔で残りの時間、ライブ配信をしていたと思います。

本当はそういう時でもにこやかな顔で対応しないといけないのでしょうが、その時はまだ、そんな余裕はありませんでした。

そしてようやく、1時間のライブ配信が終わり、私は思わず床に座り込みました。

「こんなに疲れるものなの!?」と……。

たった1回で、ライバーの大変さを身に染みて感じたのです。もしかしたら、経営より大変かもしれないと思いました。

その日のお昼はとてもお腹が空いていた記憶があります。たった1時間ですが、そうとう神経と体力を使ったのかもしれません。

もちろん商品も売れず、正直、さんざんな初めてのライブ配信でしたが、ここで負けてはいけないと自分を奮い立たせました。

毎日続ければ、きっと結果が出ると信じていました。

初めて買ってくれたのは「男性」

それから毎朝、1時間のライブ配信を続けました。視聴者数もすぐには増えず、5〜10人くらいを行ったり来たりでした。それでも、私は必死に商品を説明していました。

そしてとうとう、記念すべき1枚が売れたのです！

初めて買ってくれたのは、なんと「男性」でした。

その日紹介していた服が、ユニセックスのセーターだったのです。

おそらく、毎日一生懸命頑張って配信しているのを見てくれていて、これだったら自分も着られると思って買ってくれたのだと思います。

たった1枚でしたが、売れたことがとても嬉しく、一緒に配信をしてきたデザイナーと、飛び上がって喜びました。

すでにZOZOTOWNなどで、何十億と売り上げは出していましたが、自分が紹介することで売れたその1枚は、かけがえのないものでした。

それを機に、少しずつ商品が売れるようになっていきました。

初めて買ってくれた男性も、コメントで盛り上げてくださるようになり、次第に冷やかしのようなコメントも減り、視聴者数も増え始めました。

相乗効果でライブ配信が楽しく

売り上げも上がり、視聴者も増えれば、必然的に私の気分も上がって、ライブ配信が楽しく感じるようになりました。さらに相乗効果で、商品を説明する熱も上がります。

たった1時間で始めたライブ配信も、だんだんと時間を増やしていきました。

1時間が2時間になり、気が付いたら3時間になっていました。1時間のライブで疲れ切っていたのが嘘のように、3時間配信でも、時間が足らないくらいになっていきました。

そして配信を始めて、半年後には、朝は7時~10時の3時間、夜も19時~21時の2時間で配信をするようになり、視聴者数も常時、300人を超えるようになりました。

販売数も劇的に伸び、1日何百枚と売れるようになりました。

リピーターも多くつくようになり、中にはその場で完売する商品も出るようになったのです。商品によっては再販できないものもあるので、そういったものは、私がライブ中に着ていたサンプルまで販売に回すことも出てきました。

売れるのに「完売」で終わらせることも

完売してしまうほど人気なら、「さらに追加生産をすればいいのでは?」と思われるかもしれませんが、そういう訳にもいきません。

時期的に、これから作っても、そのシーズンに間に合わないというものもありますので、そういう商品については、完売で終わらせることもあります。


中には購入に慎重になるお客様もいらっしゃいます。

たしかに、ライブを見ながら即決して買い物をする、というのは慣れていないと難しいかもしれません。

「またあとで紹介されるでしょ？」と思って様子を見ていると、買えないこともあるのです。そういう時には、申し訳ないとは思いますが、追加できない時はどうしようもありません。

最近では「今買わないと、もう買えない！」ということに気が付かれたお客様も増え、人気商品だと、数分で売り切れることがあります。

そうなると、もう争奪戦です。リアルタイムに注文状況を見ながら、紹介しているので、「急いで買ってください！　売り切れます！」

と伝えながら配信することもあります。

たった数人しか視聴者がいなかった頃を考えると、この勢いに驚かされるばかりです。

目の前のことに必死に向き合う

業界内では、評判や噂はすぐに回っていきますので、知り合いからも、「ライブ配信すごいね。どうやってそんなに集客してるの?」と聞かれることもあります。

これもZOZOTOWNに出店し始めた時と同じです。

あの頃も、ただひたすら、やるべきことをやっているだけでした。

今回も毎日必死で、ただひたすら「1枚でも売りたい」という思いでやっていたら、売れるようになっていったのです。

そしてもうひとつ、自分自身でライブ配信が楽しくなり、それがお客様にも伝わって、さらに大きな結果が出始めたのだと思います。

やはり「楽しい」という思いは、相手に伝わります。つまらない顔で商品を紹介されていたら、買う気も失せるでしょう。実際、「毎日社長のライブを見るのが楽しみ」

「ライブを見ないと朝から元気が出ない」

というコメントをいただくようになり、それがさらに活力となっています。

毎回新しい商品の紹介

私のライブでは、新作商品をいくつも紹介しています。

とにかく商品がたくさんあるので、1日に数枚ずつ紹介しているだけでは、実は追いつかないのです。

これも、私たちの強みのひとつです。

「商品力」についてはすでにお話ししましたが、たくさんのアイテムを生産できるというのも、普通ではなかなかできません。

少ないながらも、服を紹介するライブコマースも増えてきました。そういう方たちは、同じ商品を何度も紹介することが多いです。

でも私のライブ配信では、いつも違う商品を紹介しているので、お客様も、

「今日はどんな可愛いものが出るだろう」

と、つい毎日チェックしたくなるようなのです。

買い物に行くなら、少ない商品の店より、たくさん商品が並んでいたほうが、選択肢も増えていいでしょう。

数多くの商品を取り揃える大切さは、そこにあります。

タイムセール、送料無料でよりお得に

ライブ配信中は、タイムセールを行います。

定価より、2000円~3000円引きにすることもありますし、2枚割りやクーポンを別に発行して、より安く提供しています。さらに私のライブ中は、送料無料で注文ができるように設定しています。

ネット通販で気になることのひとつに、送料があると思います。商品がどんなに安くても、送料が1000円と聞いたら、買うのに躊躇するでしょう。

そこをあえて、ライブ中に限りですが、商品も値引きがあって、送料無料であれば、これはもう、お客様には得しかありません。

送料無料は会社にとっては、負担増ではありますが、それよりもまずは買い物をしやすい環境にしたいという思いがあります。

まずは手に取ってもらう大切さ

お客様の方から「そんなに安くしてしまっていいの？」というコメントをいただくことも多くあります。たしかにそうなのですが、全ての商品を安く販売しているわけではないので、そこは大丈夫です。

まずは手に取ってもらって「ＡＢＩＴＯＫＹＯ」のファンになってもらい、リピーターになってもらうことが大切だと思っています。

「活気ある日本」を実現するために

ライブ配信で売れ行きを予測する

ライブ配信で注文を受けた商品は、在庫があるものについては、約2週間前後で配送し、予約商品という形で約1か月前後の配送になるものもあります。

ライブ配信で販売していると、もちろんダイレクトでお客様の声が聞けますし、その場で売れ行きが分かりますので、その後の販売計画にも、とても有効です。

次シーズンの新作で売れ行きがいいものについては、追加生産を行うこともあります。逆にあまり反応が良くないものについては、販売数を減らすこともあります。

これも工場と直接やり取りできる利点です。

悩ましい販売戦略

ありがたいことに、ライブ配信での販売数も右肩上がりで、毎月売り上げを更新しています。思い切って自分でライブコマースに挑戦したことは本当に良かったと思います。

さらにライブ配信をしたことで、新たな可能性がいくつも生まれました。


まずは一歩を踏み出してみるということは大切です。


これだけライブ配信で売り上げが出てくると、商品によってはＥＣモールに登録せず、自社だけで売るということもあり得ます。そのほうが、圧倒的に利益は上がるからです。

やはり会社としては、当然利益も大切です。

ただ、ライブ配信を見ていただいているお客様はまだまだ限定的です。

まだＺＯＺＯＴＯＷＮに商品を置いておいたほうが、たくさんの人の目に触れやすいということはあります。とても悩ましいところですが、今後はそのさじ加減を見極めながら、販売戦略を立てなければならないと思っています。

「ライブコマース」で、日本を盛り上げる！

毎日ライブ配信をやってみて思ったことは、もちろんそれで利益を出すこともひとつで

すが、最大の目的は、

「ライブコマースで日本を盛り上げたい」

ということです。


もちろんそれが、どれだけ大変なことかは分かっています。

もしかしたら綺麗事を言っていると思われるかもしれませんが、私は本気です。

でもこれで日本が盛り上がれば、円高にもなるかもしれませんし、さらに景気がよくなって、みんなの生活が潤うと思うのです。

「1899モール」を作ったのも、そういった思いからでした。

ライバーの育成にも力を入れて

今後はライバーの育成にも力を入れていきたいと思っています。

すでに、2024年5月から講座をスタートさせています。講師にはジャパネットたかたの方をお呼びしています。

受講している方たちは、これからライブ配信をしてみたい人や、企業の広報の人など様々です。

今後は、今のライブ経験を生かして、私も講師として携わりたいと考えています。

新しいことを一から始めるというのは、とにかく大変です。

でも誰もやったことのないことをしない限り、ムーブメントは起きません。

「大変そうだから」と二の足を踏むのではなく、まずは挑戦してみようという気持ちが必要です。


「日本のライブコマースの第一人者となり、日本を元気にする」

私はこれを実現するために、毎日全力で走っています。

Chapter 06

「ライブコマース」に挑戦して見えてきたこと

お客様と一緒に盛り上げていく

お客様からのコメントから気付くこと

始めた当初は、おかしなコメントも多く、それを見るのも嫌だなという時もありましたが、今ではそのコメントで気付かされることも多くあります。

先述したサイズ展開についてもそうです。

すでにECモールでは数十億の売り上げが出ていましたので、商品については、ある程度スタッフに任せ、最終的なチェックを私が行っていました。

でもライブ配信をするようになって、

「肩幅は何センチまでいけますか？」
「丈はどれくらいですか？」
「LLサイズは入りますか？」

などという、サイズに関する具体的な質問を受けるようになり、お客様にとってそれは、とても大きい問題だということを認識したのです。

それまで週1回だった企画会議も、今はライブ配信後に毎回します。この商品だったら、Sサイズが欲しい、LLサイズまで欲しい、などと要望を出すようにしました。

他にお客様から多い質問は、
「このトップスなら、どのスカートと合いますか?」
というような組み合わせの質問です。視聴者数も増え、リピーターも増えていますので、すでに買った商品のどれと組み合わせるとよりいいかと、みなさん気になるようなのです。私はできるだけ、その声にも応えるようにしています。

ライブでの着用写真を掲載

現在はLINEの機能のひとつである、オープンチャットを使い、ライブ中に着用した写真を掲載しています。

ライブ配信のアーカイブが残せないというのもありますが、お客様の元に商品が届くのが、2週間前後〜1か月ほどかかることもあり、届いた時に「どんな風に着てたっけ?」と思われることも多いのです。

そういう時にあらためて、写真を見返してもらえれば、

「これとこれを組み合わせればいいんだ」

と確認できますし、コーディネートも楽しくなるのではないかと思い、始めました。

私もたまにその写真を見返します。

「この組み合わせはやっぱりいい」と、次の企画に生かすこともあります。

また、後からこれらの写真を見て、

「まだ○○は在庫ありますか?」

とリクエストを入れてくださることも増えました。在庫があれば、できるだけそれにも応えるようにしています。

「トータルコーディネート」の提案

自社製品だけで、これだけ多くのトータルコーディネートも提案できるというのは、お

客様にとっても、助かることなのではないかと思います。

例えば、パンツやスカートなど、どんなものとも合わせやすい定番商品がいくつもあります。

「神ベスト」と呼んでいるダウンベストがあるのですが、それもたくさんの人が購入してくださっているので「神ベストには合いますか？」という質問もよくあります。

そういう時も、すぐに着用して「こんな風にコーディネートできますよ」と紹介してあげます。

そうすると、イメージも湧きやすく、セットで着てみたいと思われて、また新しい商品を購入してくださるのです。

お洒落をしてハッピーに

中には、クローゼットの中が全て「ABITOKYO」の商品で埋まっているという、嬉しいお声をいただくこともあります。

他社では、常に新しいものを紹介しながら、ここまでトータルしての商品の発信は、なかなか難しいのではないかと思います。

やはり服は、上から下まで揃えて着るものですから、それぞれが可愛くても、トータルでバランスが悪かったら、残念なことになります。

私は日頃から、お客様にはお洒落をしてハッピーになってもらいたいと思っています。「ABITOKYO」の商品を、さらに可愛く着てもらえるように、みなさんの専属のスタイリストになったような気持ちで、ライブをしています。

年代、性別を問わずに、誰かに勧めたくなる商品

商品を紹介する時に、どの商品と組み合わせたらいいか、というのはその時パッと見た印象や私の感性で判断しています。

最近、商品によっては、

「70代の母にプレゼントしたいのですが、どの色がいいですか?」

というコメントもあります。

そういう時でも、シンプルに似合いそうな色を提案します。

アウターなどの大きめな商品の時は、「息子に着せたい」「彼氏にプレゼントしたい」というようなコメントも増えました。これも嬉しいことのひとつです。

きっと、いい商品、可愛い商品だからこそ、「他の人にも着てほしい」「一緒に着てみたい」という気持ちが生まれるのだと思います。

こういった形で、年代、性別を問わず「ABITOKYO」の商品が広がっていくことはとてもいいことですし、ブランドとしての可能性がさらに広がるなと感じています。

商品名にも愛着を持って

商品のネーミングは素材感やデザインなどが分かりやすいようにつけていますが、中には「神ベスト」などのように、愛着を持って呼ぶ場合もあります。

このダウンベストは、本当に何にでもよく似合いますし、素材はダウンとフェザーなのにとても安価というところから「神ベスト」と呼んでいます。

他には「30年デニム」や「20年デニム」と呼んでいるスカートもあります。最近では

「10年デニム」「21年デニム」も登場しました。

それぞれ「30年、20年と履けるデニムですよ」という意味合いを持たせて呼んでいます。それだけ物がいい、というのも伝わりますし、みなさんにも覚えてもらいやすいです。

ライブ中でも「30年デニムと合いますか?」とコメントが入れば、私もすぐに合わせてみますし、何度もライブを見てくれている方たちは「あのスカートね」と共通認識を持ってくれます。

定番商品をこうして愛着を持って呼ぶのも、ライブ配信ならではのことではないかと思います。

常に飽きさせないことを意識する

毎日だからこそ、飽きさせない工夫

毎日ライブ配信を行う中で「飽きさせない」というのも、大事なことです。

マンネリ感が出れば、見ている側も飽きてきて、わざわざ時間を取って視聴することはなくなると思います。

私のライブでは、毎回違う商品を紹介していますので、常に新鮮な気持ちで見てもらえるかとは思いますが、それでも今後は、ニーズに応えながら、様々な趣向を凝らしていきたいと考えています。

韓国からライブ配信も

以前一度、韓国からライブ配信をしたことがありました。

ちょうど、どんな服やコスメが流行っているのかをリサーチがてら、韓国に行く予定があったので、だったら一緒にライブ配信もしたら面白いかと思い、挑戦したのです。

その時はまだ視聴者が数十人でしたので、お客様のリクエストを聞きつつ、実際お店に並ぶコスメを紹介したり、市場に行ったりしました。


特に韓国のコスメは種類も豊富ですし、魅力的です。

毛穴や美白にいいものや、カタツムリも有名です。シャンプーなども充実していて、みなさん、あれも見たい、これも見たいと意見がたくさんあがるので、その場でお店の人に伝えて、商品を出してもらって紹介していきました。

思わず、サービス精神旺盛に

そして最終的に、注文希望を集計して、その場で買い付けをしました。

靴も見たいという声もあったので、市場に靴を探しにも行きました。市場は朝も夜もやっているので、どちらも見に行ってあげました。

思わず、サービス精神が旺盛なところが出てしまった配信でしたが、この時もたくさん購入いただき、とても好評のライブでした。

生配信で、現地の商品を見られるというのは、とても嬉しいことだと思います。

またこういったライブもしてみたいとは思いますが、今の視聴者数で同じようなことは難しいので、別の形で配信できればと思います。

5秒で完売の「シャインマスカット」

夏には、シャインマスカットの販売を行いました。

友人の農家さんと一緒に、試しにライブコマースで販売してみようということになったのです。

その日は私も実際、生産されている現地に向かい、ライブ配信を行いました。

初めての挑戦でしたし、最初の見立てでは100セットも出ればいいかなと考えていましたが、実際注文を開始したところ、5秒で450セット売れたのです。

正直、私も友人も油断していました。

「まさかこんなに売れるとは！」と、とても驚きました。

3房1万5000円で販売しましたが、デパートに並んでいてもおかしくない品質なので、とてもお買い得な商品で、購入できたみなさんは本当にラッキーだったと思います。こういった旬のものや、限定商品などもライブ配信で扱うには、いい商品だなと感じた配信でした。

いい商品は積極的に紹介

最近は企業からの販売オファーをいただくこともあります。食品や家電など様々です。先日はBASE FOODからの依頼で、パンの詰め合わせの販売をしました。これについても、一度自身で試食をしてから、これなら紹介できると思い、ライブ配信をしました。

この時も反応はとてもよく、1回の紹介で350セット以上は売れました。

視聴者数が多ければ、いい宣伝にもなり、購入する人も増えます。

今後もこういったオファーも増えてくるとは思いますが、いい商品であれば紹介していきたいと思っています。

「サブスク会員」も増加

普段のライブ配信は誰でも見られるものですが、サブスク会員限定のライブ配信も行っています。

これはＴＩＫＴＯＫの機能を使い、サブスク会員になっていただいた方だけ、視聴できるものです。その会員数も毎月伸びています。

月額会費がかかりますが、通常のライブ配信より、さらにお得な情報をたくさん出すようにしています。送料もサブスク会員になれば、いつでも無料になり、ひとつでも商品を買えば元が取れるくらいのお得なサービスになっています。

通常の配信の時も、人気の商品はすぐに売り切れていきますが、サブスク配信だとさらに、みなさん早いスピードで商品を購入していきます。

瞬殺で売り切れるということもしょっちゅうです。それだけ夢中になって商品を購入してもらえると、配信のしがいもありますし、もっといい商品を提供したいと思わされます。

「ABITOKYO」のファンをより大事に

私がライブ配信を始めてから丸1年経った、2024年11月15日に、ちょうどサブスク配信をしました。

その日は企画で、会員のみなさんと直接お話をする機会がありました。

これまで買った商品の何が良かったかなどを直接聞くことができました。

みなさん「ABITOKYO」に愛着を持ってくださっていて、それを生の声で聞けたのはとても貴重で、胸が熱くなりました。

こういうお客様を、今後も大切にしていきたいですし、「ABITOKYO」の服を好きになってくださる方たちを、もっと増やしていくことが私の使命なんだと強く感じた日になりました。

日本で一番の「ライブコマース」を作り上げる

24時間配信できる体制に

私は朝と夜のライブ配信を行っていますが、午後の時間帯には、別のスタッフが配信を行っています。実はそのスタッフの視聴者数も日に日に増えています。

これも本当に嬉しいことです。

私は日本の「ライブコマース」で一番になりたいという目標があります。

ライブコマースと言えば「ABITOKYO」になりたいのです。

そうなるために、24時間色んなライバーでチャンネルを埋められるようにしていくのが、今一番の課題です。

ライバーに必要なこと

自分でライブ配信をやってみて思ったことは、簡単そうで、実は誰でもできるものではないということです。ただおしゃべり好きなだけでも続きません。

2~3時間、ノンストップで商品を説明しつつ、コメントを拾いつつ、お客様を惹きつけるトーク力が必要となります。

そして何と言っても「根性」が必要です。

「絶対売るぞ!」という強い気持ちでいかないと、挫折してしまいます。

「天の声」も重要な存在

ライブ配信をする時は、私ともうひとり、「天の声」というアシスタントがいます。

天の声が、セール商品の割引情報をサイトに入れたり、在庫を見ながら、売れ行きを実況してくれています。

あまりにすぐに売り切れる場合は、倉庫を確認しながら商品を追加するなど、ライブ配信には欠かせない存在です。

最近は私と天の声の掛け合いを楽しみにしてくれている方も多いようです。そのノリが、またライブ配信を盛り上げますし、ライブを楽しく見られるひとつなのではないかと思います。

もっと売りやすく、もっと買いやすく

現状の注文方法は、初見の人だとやや分かりにくいところがあります。TIKTOKでのライブ配信をしながら、注文は「ABITOKYO」のサイトに行っていただき、注文を入れてもらうという形になっているからです。

「どうやって買うのですか？」

というコメントが何度も入りますので、そのたびに、注文サイトに飛ぶ方法をお伝えしています。

もしこれが、ライブ配信の画面から直接注文ができれば、お客様ももっと買いやすく、

楽になります。

誰でも簡単に購入できてこそ、ライブコマースです。

TIKTOKでも、今後そういった仕様になっていくと考えられますが、早急なプラットフォームの整備が必要だなとあらためて思っています。

やり続けることの大切さ

ライブ配信を始めてから1年が過ぎ、ありがたいことに視聴者数も伸び続けています。

実はこの本の企画が立ち上がった頃は、朝の配信で300人前後の視聴者数でした。さらに原稿を書き始める頃には1000人を超え、今では7000人を超える日も出てきました。

この短期間で、これだけ視聴者数を伸ばしていることは異例です。

毎日やり続けてきた結果と、見てくださっているお客様が口コミで広げてくださっているのだと思います。

私の好きな言葉のひとつに「継続は力なり」があります。

途中でくじけそうになっても、続けることで絶対、結果は出ます。

これから何かを始めたい、今やっていることを極めたい、と思っている人には、どんなにつらくても、やり続けてほしいです。

真夜中のライブ配信

今後の課題のひとつに、夜の時間帯のお客様の獲得があります。

夜帯で動いている人もたくさんいますし、夜のほうがリラックスして、買い物しようという人も多いと思います。実際中国では、夜のライブコマースも順調と聞きます。

当時は19時から2時間の配信を行っていましたが、もっと遅い時間帯のお客様にも働きかけたいと思い、真夜中のライブをしてみることにしました。

スタート時間は23時にして、ゲリラ的に配信を始めました。

普段見てくださっているお客様は、みなさん朝方なので、どれくらいの人が集まるか心配でしたが、それでも1000人近くの視聴者数がありました。

新規の方も多くいましたが、いつも朝に見てくださっている方たちは、さすがに眠そうなコメントが多く入っていました。

結局その日は、朝3時までライブを行いました。

さすがに、朝ほどの売れ行きではありませんでしたが、思った以上に盛り上がったように思います。

ただ、スタートの時間が少し遅かったことが反省点でした。21時頃から始めたら、もう少しみなさん元気に視聴してもらえたかもしれません。

次回はもう少し策を練って、挑戦してみたいと思いました。

こうして、ひとつひとつ試行錯誤しながら、最善の策を模索することも必要なことだと思っています。何でも簡単には結果は出ませんから。

「社長業」とのバランスを保ちながら

社長業も怠らずに

丸1年、朝と夜のライブ配信を続けてきたわけですが、もちろんその合間には、社長業もきちんとこなしています。

商談や打ち合わせ、社内ミーティング、社員との面接や、他にも経理関係などの承認なども行い、とにかく時間が足らない毎日を過ごしています。

独立した当初から、毎日走り続けて仕事をしている印象ですが、それは今でも変わりません。

でも不思議と苦痛ではないのです。

そのつらさより「私にはもっとやりたいことがある」という気持ちが勝っているのかもしれません。

みんなに心配をかけないように

ただ気持ちの上では「まだまだいける！」と思っていても、体は正直なもので、夜の配信時間になると、知らぬ間に疲れが顔に出ることもあります。

ある時社員から「社長、顔色が青ざめてます！」と言われたことがありました。慌てて鏡を見ると、頬はチークが入ってピンクなのですが、それ以外の部分が青白くなっていたのです。

「たしかに顔色が悪い」と思いました。

さらに社員のみんなから、

「社長がそこまで身を張って頑張っているのを見ていると、心が痛いです」

と心配されたこともありました。それを聞いて、

「元気のないまま配信していても、たぶんお客さんもそれを感じるな」と思いました。

無理に頑張って、顔色が悪い状態で配信していても、お客様に余計な心配をさせてしま

いますし、そんな元気のないところで、服を買いたいとは思わないでしょう。

それに今ここで私が倒れたら大変なことになりますので、それからは体調管理にも気を付けつつ、社長業とのバランスを取りながら、ライブ配信へ力を注いでいます。

いよいよ他社も動き出した！

これまでECがメインで動いていたはずの「ABITOKYO」が、ライブコマースを始めて、着実に結果を出しているのを見て刺激を受けたのか、他社でもライブ配信に力を入れ始めたところも出てきました。

同じように、朝も夜も配信をし始め、中には朝6時からスタートさせる会社までありました。

ちょうど同じ頃、私もすっかりライブ配信に慣れ、朝の3時間では足りないと感じていたところでしたので、時間の延長を考えていました。

朝5時過ぎには会社に来て待機していたので、6時から始めてみるのもいいかという思いを持っていました。

朝はやっぱりゴールデンタイム！

ライブ配信の馴染みのない方からすると「そんな朝の忙しい時間に誰が見るの？」と思われるかもしれませんが、歯を磨きながらですとか、メイクをしながらでも見ることができますし、中には、出勤途中の電車の中で見ているという方もいます。

映画やドラマを見るように、しっかり腰を据えて見なくても「ながら」で十分情報を得ることはできるので、朝早いから見る人がいないというのは、関係ないと思っていました。

ただ、朝6時から始めて、それを毎日続けられるのかという懸念はありました。

今日できて、明日できないというのは嫌だったからです。継続しないと意味がありません。

スタッフたちと検討を重ねた結果、朝6時からの配信に挑戦することにしました。

すると思った通り、朝6時からでも、１５００人以上の人が見てくれていたのです。

迷うならまずは実行することの大切さを実感しました。

ライバルもありがたい存在

いい結果を出せば出すほど、自分たちもできるかもしれないと、ライバル的な存在はこれからいくつも出てくることでしょう。

でも私は、それについてはまったく嫌ではありません。

ライバルがいてくれることで、私自身ももっと頑張れますし、市場自体も活性化していくと思うからです。

むしろ、そういった存在がなければ、現状に安心してしまい、それより上を目指すことはできません。

どんな業界でもライバルがいて、切磋琢磨をして成長していくと思います。

もしかしたらそのプレッシャーに負けてしまい、病んでしまう人もいるかもしれませんが、私はそういう状況の時こそ、自分に喝をいれます。

そして、もっとどうやったら頑張れるのか、もっと効率的な方法やスケジュールはないのかと考えるのです。

どんどん進化していくライブ配信

ライブ配信はやればやるほど、そのコツを掴み、商品の説明ももっとこうしたらいいということが分かってきます。そして、私自身も楽しくなっているので、毎回時間があっという間です。

日曜祝日の配信は、朝6時〜12時まで配信をすることもあります。6時間ノンストップで行っています。水を飲むのも忘れてしまうほどしゃべり続けるので、喉が枯れることもしばしばあります。

時間がある分、いつもより、ゆっくり商品を紹介したり、リクエストにも丁寧に応えたりできるので、平日より楽しめるライブ配信になっているのではないかと思います。

生活を彩る商品の紹介

今後は、少しずつライブの内容も変化させていくことも考えています。

例えば、朝は買いやすい価格帯の商品を揃え、夜はデザイン性に富んだ、価格も少し高めなものを揃えるなど変化をつけて、さらに買いやすいようにするとか、セレクト商品の小物や雑貨、コスメなども充実させて、みなさんの生活を、より彩っていければいいなと思っています。

何事も「先を見て」計画する

私はできるだけ、目先だけでなく、もっと遠くを見て計画、行動することを心掛けています。

「遠き慮りなければ必ず近き憂いあり」という言葉があります。

意味としては、先の計画がなければ、すぐに憂鬱なことが起きてしまうということです。

例えば、ＯＥＭの製造をやっている時に、将来自分のブランドを持ちたいと思っていなかったら、何も行動を起こさず、未だにＯＥＭの製造だけをやっていたことでしょう。そして円安がひどい今、おそらく会社は倒産していたと思います。

子供を育てる時もそうです。学費はどれくらいかかるのか、何年後にはいくらかかる、だったら貯蓄はいくらしておかないといけないのか。

そういったことをきちんと見通しを立てて計算しておかないと、いざその時になって、お金がありませんでした、では話になりません。

会社を運営していく上では、当然必要なことですが、

「何年先にはこうなっていたい」

という「ビジョン」を持つことは、人生設計においても大切だと思います。

計画性を持っている人ほど、荒波にも耐えられるのではないでしょうか。

さらに私は、ただ「ビジョン」を持つだけでなく、必ず実行させるように努力も怠りません。

そうすることで、より理想の現実が近づいていると思います。

Chapter 07

私と「仕事」、
そして
これからの「夢」

「ライブコマース」を発展させるために

いずれは中国と同じ状況に

いずれは、日本でのライブコマースを中国と同じように、誰もが毎日、いつでも楽しめるツールにしたいと思っています。

まだまだ課題はありますが、さほど遠い未来ではないはずです。

若い人たちは新しいものが流行れば、すぐにそれに順応すると思います。

また、先述したテレビショッピングのお客様が、みなさんライブコマースを見るようになれば、何十万、何百万人という視聴もあり得ますし、ネットでの買い物やライブ配信が苦手な人たちでも、簡単に注文ができるような形にしてあげれば、あっという間にそれは実現できると思います。

注文に強いシステムを作る

現在「1899モール」は改修を行っています。もっと使い勝手をよくし、注文時の負荷がかかりにくいシステムにするためです。

中国の最大モール「アリババ」でもそうですが、どのシステムも最初から強いわけではありません。どこのシステムも使いながら、修正を繰り返しているのが現実です。

ネット通販だと、やはり人気商品は注文が殺到します。

何百人の人が一度に同じ商品をカートに入れて、決済しようとすると、タイミングによっては、商品があとひとつしかないのに、どちらも決済がOKになってしまうこともあります。もう0.0何秒の世界なので、システムも検知できないのです。

これは何十年もやっているECモールでも起きていることなので、しょうがないことなのですが、せっかく買えたと思っても、後から「商品がご用意できませんでした」と連絡が来たら、お客様も悲しいと思います。

ライブコマースの場合、一斉に注文が入ることが特に多いので、お客様に迷惑をかけないためにも、システムの強化は大事な課題となります。

こういった課題を早急にクリアして、近いうちに「1899モール」のリスタートを切りたいと思っています。

女性が仕事をすること

私は毎日フル稼働で働いています。

最近はライブ配信の時間も増えていますので「社長、働き過ぎです！」というコメントをもらうこともあります。

でも私は「ABITOKYO」の服をもっとたくさんの人に知ってもらいたいですし、みんなが「ABITOKYO」の服を着て綺麗になって、ハッピーな毎日を送ってほしい、という思いが強いので、まったく苦ではありません。

やっぱり働きたい女性は、働いたほうがいいと思います。

中国の女性もよく働きます。結婚をして子供ができても、保育園に預けたり、親に見てもらったりしながら働いています。

私の実家も洋服のビジネスをしていたので、母もよく働いていました。それを見ていたので、私も働くことは当然だと思っていました。


ただ色々事情があって、外に働きに行くことが難しいという方も多くいることでしょう。

今後はライバーの育成とともに、働きたい女性、起業をしたい女性の支援にも力を入れられたらと考えています。

起業をしたい人たちを後押し

例えば、起業をしてみたいけど、やり方が分からない人たちに向けて、プログラムを作り、また同時に、ライブコマースができるように、ライバーとしてのノウハウも伝授します。

自分で商品を調達するのはなかなか難しいでしょうから、私たちの商品を提供し、ライブ配信でそれらを売ってもらい、利益を得てもらうという形です。

イメージとしては、フランチャイズのようなことでしょうか。

ライブコマースは経済を回す！

ライブ配信であれば、家で十分できますから、子育て中のお母さんでも、合間を見て挑戦できます。

さらに店舗を持つわけではないので、資金もさほどかからずできるでしょう。

私たちも商品を多く作ればいいだけですし、なんといっても一緒にライブコマースを盛り上げてもらうことができます。

こういった形のビジネスモデルができれば、働き口も増えて、子育てと両立させたい女性や、年齢を重ねても働きたい人たちの力になることもでき、ライブコマースで経済を回すこともできるのです。

積み重ねがさらに仕事をやりやすく

私は２０１０年に独立し、２０１２年に「株式会社サイコーインターナショナル」を設立し、２０１９年９月には「株式会社ＡＢＩＴＯＫＹＯ」を設立しました。

その後、2021年5月に「株式会社Sホールディングス」へ社名変更をしています。

S-Holdingsの「S」には、次の3つの意味を込めています。

SAIKOH（最高）
SPEED（スピード）
SMILE（スマイル）

独立当初は様々なことにぶつかりましたが、今では中国の工場とも、あうんの呼吸で仕事を進められています。意思疎通もしっかりありますので、毎回中国に行かなくても、オンラインで打ち合わせができています。

全て日本で完結できてしまうのは、私たちの強みでもありますし、余計なコストもかからずに済みます。

これは長年の積み重ねの結果だと思います。

経営者としてのノウハウを常に吸収

私は普段から、経営者としての知識やノウハウを常に吸収できる環境でいたいと思っています。

経営者が集まるような場所にもできるだけ顔を出し、業種の違う社長からもアドバイスをいただくこともあります。

その中で刺激になるのは、やはり中国人の女性社長です。

日本にもたくさん女性社長がいますが、中国のほうがより多くいるように思います。同じ女性社長として頑張っている姿を見ると、私も負けてられないという気持ちになります。

ご縁が繋がって、今ここにいる

独立する前に働いていた会長さんにもたまに会ってゴルフをすることがあります。

私をファッション業界に導いてくれた恩人になりますが、会長から、

「この業界に、燕さんを引っ張ってきてよかったのかな」

と言われることがあります。そう言われると私はいつも、

「会長には本当に感謝してますよ。そうじゃないと、今の私はありませんから」

と答えます。

本当に、あの時会長に出会わなかったら、私は別の仕事をしていたかもしれませんし、「ABITOKYO」も生まれていなかったかもしれません。


私の力だけではなく、いくつものご縁が繋がって、私は今ここにいると思っています。そのご縁を繋いでくださったみなさまには、本当に感謝しかありません。

経営者として譲れないこと

経営者として、譲れないことがあります。それは次の2点です。


いかにお客さんに喜んでもらうか。

いかにWIN-WINの状況を作るか。

ライブ配信をしていると、じかにお客様の声が聞こえてきます。

「可愛い商品が届いて嬉しい」

「会社に着て行ったら、とても評判が良かった」

などと聞くと、こちらまで嬉しくなります。

私たちの仕事は、お客様に喜んでもらってこそ、成立します。

独りよがりのデザインで、誰も喜ばないものを作っていても意味がありません。

いつでもお客様のことを思って

ありがたいことに、1回の配信で、何枚も商品を買う方が増えています。

同じものを色違いで2枚購入されたり、トップスとスカートを同時に買われたりする方もいます。

みなさんができるだけ買いやすいように、金額設定については、特に意識するようにしています。それを意識するあまり、中には利益がギリギリということもあります。

薄利多売になるかもしれませんが、商品の良さを知ってもらって、また購入していただくことのほうが重要です。

結果として、私たちとお客様の関係が「WIN‐WIN」になるほうが、その先を見据えると、ずっと大事になってきます。

初めての福袋の販売

2024年には初めて、福袋の販売を行いました。

1万円、1万5000円、2万円の3種類を用意し、中身は全て新作で、金額に応じて中身の数は変わりますが、それぞれ3倍近くの価格の商品が入ります。

これらもあっという間に完売しました。

みなさんの「ABITOKYO」への期待の高さをひしひしと感じました。


実は予定数より、だいぶオーバーして注文を受けた状況になってしまいましたが、そこはもう工場と相談して、全てをお客様に届けようと腹を括りました。

時にはそういう覚悟も必要です。

きっとこれがまた、次へのステップになるのでしょう。

新たな分野への挑戦

「20年前の日本」と「今の日本」

私が日本に来て20年が経ちました。

その時と今では、いい意味でも、悪い意味でも、日本への印象もだいぶ変わりました。

20年前は、日本に憧れて留学しました。

当時の日本は中国より給料もよくて、華やかな印象がありました。

もちろん物価も日本のほうが高く、何を買うにも、

「こんなに高いの!?」

と驚き、福岡時代はもやしを食べるので精いっぱいでした。

それが今ではすっかり円安となりました。

そして、日本の給料は20年前からほとんど上がっていないのに、物価だけが上がっています。

今では中国のほうが給料もよく、物価も日本とさほど変わらなくなっています。中国にもいい人材はいるので、採用をかけようと思ってもなかなか人が集まらないと聞きます。おそらく、中国で働くほうが給料も高いので、わざわざ日本に来なくてもいいという考えなのだと思います。

私の会社にも中国からの留学生が働きに来ていましたが、1年ほど働いて、中国に帰るということで辞めてしまいました。

もっと色々経験を積みたいということでしたが、おそらく中国でもっと給料のいい仕事をしたいと思ったのだと思います。

中国語もできますし、会社には必要な人材でしたが、1年目の人にたくさん給料を出すのも難しいので、本人の意思を尊重したということがありました。

「安い日本」に外国人が殺到する理由

日本には、外国人の旅行客が日本に殺到しています。旅費も安くて、良い旅館に安く泊まれて、美味しいものも安く食べられる……。確かに魅力でしょう。

もちろん日本側にも、インバウンドの恩恵もあるかと思いますが、

「なんでも安い日本」

と思われてしまっているのが、私の目から見ても、とても悲しい現実です。


正直、元気がない日本はつまらないです。

もっと活気がある、わくわくする国でいてほしいのです。

だから私は、日本が元気になるように、ライブコマースというツールを使って、微力ですが、少しでも盛り上げていきたいのです。

ファッション以外への挑戦

日本を元気にさせるために、ファッション以外の分野にも挑戦したいと考えています。

それは「教育」です。

今の日本人に足らないのは「競争力」ではないかと思っています。

もちろん向上心を持って、他に負けないよう上を目指している人もいますが、どこかぬるま湯に浸かって、緩く生活してしまっている人も多く見受けられます。

それではもったいないと思うのです。

色んなことを学び、挑戦することで、人生がもっと豊かになるはずです。

中国語を生かした「教育」

ライバーの育成もそのひとつになりますが、もっと子供たちや勉強をしたい大人たちに向けて、中国語を生かした教育ができないかと考えています。

例えば中国に留学したい人や、仕事で中国に進出したい人に向けて、中国語を教える環境を作るのです。

今は教室を持たなくても、ZOOMなどのオンラインで講義も可能です。

そういった意味では、教える側も勉強する側も、一歩を踏み出しやすい環境でしょう。

さらに中国語を教えて終わるのではなく、実際、中国で留学できる学校の紹介や斡旋などをしたり、中国と取引したい人や商品を仕入れたい人には、そのサポートまでしてあげたりできれば、よりみなさんの未来が拓けますし、夢にも近づいていくと思います。

カジュアルに学んでほしい

中国語に限らず、いざ語学を学ぼうとしても、なかなか続かないということはよくあります。

大人になればなるほど、単語が覚えられない、文法が頭に入らないと頭を悩ませ、せっかく勉強を始めても、なかなか結果が出ず、途中で辞めてしまいがちです。

そういう方たちには、もっとラフに、カジュアルな形で中国語を学んでもらうのも、いいのではないかと思います。

以前、ライブ配信中に、中国語を話す機会がありました。

それを聞いていたお客様から「カッコイイ」という声があがりました。

「じゃあ中国語をみんなに教えようか」

と冗談で言ったところ、

「勉強してみたい！」

というコメントがいくつも入ったのです。

私はその反応が、とても新鮮でした。

私をきっかけに、中国や中国語に興味を持ってもらい、今までとまた違った景色を見てもらえたら、それはそれでいいことだと思います。

どんな形でも、教育を受けることは、のちの自分の「宝物」になるはずですから。

有益な情報を「発信」していく

最近はお客様から、

「テレビを見るより、社長のライブを見るほうが楽しい」

とコメントをもらうことも多いです。

私も普段忙しいので、ほとんどテレビを見ていませんが、日本のテレビのニュースは、事故や事件などのネガティブなものを多く扱っている印象があります。

たしかに災害など、伝えなくてはならないニュースもありますが、もう少し見ている人たちが元気になるような、明るいニュースが増えてもいいと思います。

中国はまったく違って、世界の経済事情や国際ニュースを多く取り扱っていて、ネガティブなものはほとんどありません。

そういったものは出す必要がないからです。

例えば大谷翔平さんのニュースのようなものは、見ている側も元気をもらいます。そういうニュースを多く出してほしいです。

有益な情報を多く発信するほうが、みんなの向上心も上がって、日本のためにもなるのではないかと思います。

お客様と中国ツアー!?

これもライブ配信中のことなのですが、

「一度中国に行ってみたい。社長、アテンドしてください」

というコメントをもらったことがありました。

それを見て、そういった企画も面白いなと思いました。

中国に行かれたことがない人も多いでしょうから、私がお勧めする街などを紹介しながら、一緒に買い物をするようなツアーでも面白いでしょう。

参加者が一人や二人では実現は難しいですが、視聴者が増えれば、夢ではないかもしれません。

学校と企業からの依頼で「講演活動」も

最近は学校と企業からの依頼で、講演活動も行なっています。

先日も北海道の企業に訪問して話をしてきました。話す内容は、これまで経験してきたことですが、みなさんとても興味を持って聞いてくださいます。

私が話すことで、学生や社会人のみなさんの役に立つのなら、いくらでも話しますし、それがきっかけでライブコマースに興味を持ってもらって、海外進出などの足掛かりにしてもらえたら、それはとても嬉しいことだと思います。

運を引き上げて、夢を実現する

「夢」は言葉にして現実にする

初めて日本に来た時には、まさか20年後、こんな環境に身を置いているとは、まったく思っていませんでした。

昔から、夢や考えていることをノートに書くなどして、思いを言葉にしていましたが、想像以上のことが、現実として起きていると感じています。

お客様と一体感を持って

最近のライブは、とてもアットホームな雰囲気で配信しています。すっかり「アビファミリー」ができつつあります。

ライブ中に着用している服のスクリーンショットを、オープンチャットに掲載する作業や新規の方へのコメントでのフォローなども、お客様がご厚意で行ってくれています。

本当にみなさんと、一体感を持って盛り上がってきている感覚が、日に日に大きくなっています。

忘れられない誕生日

そんなみなさんから、とても素敵なサプライズをしていただきました。

それはライブ配信を開始してから、初めて迎えた私の誕生日でした。

その日に合わせて、スタッフがサプライズ誕生日祝いと、お客様みなさんで誕生日のお祝い動画を作ってくださったのです。

しかも中国語のお祝いソングに合わせて、みなさんのコメントが編集されていて、あまりの感動に涙が止まらなくなり、しばらくドキドキが止まりませんでした。

みなさんの気持ちがとても嬉しく、お金では買えない大切なものをもらったと思いました。


お客様にここまで思ってもらえるようになるとは、私自身想像していませんでしたし、これからも、私だからこそできること、「ＡＢＩＴＯＫＹＯ」だからこそやれることを、やっていきたいと強く思った日でした。

年始には今年の一文字を決めて

毎年年始の仕事始めの日は、社員全員で神社にお参りに行き、書初めをすることが恒例となっています。

その年の目標となる漢字一文字を決めて、それぞれ書にします。

書き上げた書を見せながら、今年1年どんな年にしたいか、などと目標を発表して、1年間会議室に飾っておきます。

そして年末には、どれくらい目標を達成したか、その振り返りもしています。

「風」に込めた意味

私の2024年の一文字は「風」にしました。

その前から、

「ライブコマースといえば、Sホールディングスと言ってもらえるように」

という目標を立てていたのと、風の時代らしく、コミュニケーションを通して、2024年に新しいことを始めると、とてもいい運気だったこともあり、

「今年はぜひ龍のように、旋風を起こしたい！」

という意味を込めて決めました。


そしてもうひとつ、思いがありました。

私はライブコマースを始めるまでは、あまり自身のSNSをやっていませんでした。

それぞれアカウントはありますが、そう毎日つぶやいたり、投稿したりしていなかったのです。

それを2023年11月からライブ配信を始めて、もっとSNSにも力を入れて発信していこう、2024年はそういう1年にしていこうと思ったのです。

その目標通り、2024年は「風」を起こすことができた1年だったのではないかと思います。

「笑顔」と「前向き」は運を上げる！

「運」は誰にでもあると思います。

もちろん運がいい人、悪い人といるかもしれませんが、私は運を掴み取るために「笑顔」

を忘れないようにしています。

そして嫌なことがあっても、たまには顔が引きつることもありますが、できるだけ「笑顔」を作るようにしています。

笑顔でいると、不思議といいことが起きるのです。


あとは悪いことがあっても、引きずりません。

プラス思考ということもありますが、できるだけいいほうに考えます。

昔からそうですが、何かピンチなことが起きたらすぐに「どうすればいいか」と改善策を考え、次から次へと前向きなことを行うようにしています。

そうすることで運を掴みやすくなりますし、運自体も上がります。

元気が出ないなら「走ろう!」

なんだか元気が出なくて、夢もなかなか見つからないと、どうしてもネガティブ思考になりがちな人もいます。そういう人は悶々と家で色んなことを考えすぎていると思います。

そうなってしまうと、いいアイディアも浮かびませんので、思い切って外に出てみることをお勧めします。

「外に出て何をしたらいいのか分からない」

という時は、まずは走ってみてはどうでしょうか。

「運」は動くことでやってきます。

だから運動をすれば、頭もすっきりしていいアイディアも浮かんで、自然といいことが巡ってきます。

リフレッシュしながら切り替える

また忙しすぎて、元気をなくしている人はリフレッシュが必要です。

私も少し疲れてるなと感じる時は、マッサージやヨガでリフレッシュするようにしています。

適度な休息も運を掴む上では重要です。

今後やっていきたいこと

世界への発信はタイミング次第

現在「ＡＢＩＴＯＫＹＯ」の服は日本国内のみの発送となっています。

ライブコマースを使えば、世界の人がライブ配信を見ることができ、買い物もできます。今でも「海外発送はないのですか？」という質問も入ります。

ゆくゆくは世界も視野にいれた展開も考えたいとは思っていますが、こういったものはタイミングがとても重要になってくるので、状況を見極めながら、色々と進められればと思っています。

日本の「いいもの」を海外へ

海外に発信する場合は、様々な方向性が考えられますが、日本で作られた「いいもの」を紹介していくようなことにチャレンジしたいと思っています。

日本のもの作りは昔から丁寧で、海外でも人気です。
そういう魅力的なものを自分で見つけて、発信できたら面白いなと思っています。

中国に向けてのライブ配信

そしてやはり、海外の中でも外せないのは中国市場です。今後は中国に向けてのライブ配信もやってみたいことのひとつです。

ただ中国の場合は、戦略が必要です。服だけで勝負はなかなか厳しいところがあります。やはり中国国内のほうが安くていいものがあるからです。

もし日本国内でダウンコートを作るとなると、何万円もしてしまい、どんなにいいものでも、高すぎて中国では売れません。

例えば服以外のもので、まだ中国にはない日本製品を紹介して、注目を集めるようなことができればいいのかもしれません。

そこで爆発的なヒット商品が生まれれば、それをきっかけに、日本ももっと活性化できるはずです。

ブランディングを高めて広告活動

今後も「ＡＢＩＴＯＫＹＯ」の服は、女性らしいシルエットのワンピースや、流行を取り入れたデザイン性に富んだ、みなさんが可愛くなる服を作っていきたいと思っています。

これまで広告などはあまり行わず、ここまできました。

それでも売り上げを出しているので、

「どれくらい広告費を使っているの？」

とよく聞かれることもありますが、他社に比べると本当に少ないと思います。

実際ＣＭなども打ったことはありませんし、モデルやタレントさんとのコラボ商品は作ったことはありますが、ブランド自体を大きく宣伝してもらったことはありません。

とにかく「商品力」と、ライブコマースなどの「アイディア力」で勝負してきたところがあります。

今後は「ＡＢＩＴＯＫＹＯ」を、さらに大きなブランドにしていくために、ブランディングを高めながら、効果的なＰＲ、広告活動も積極的に行なっていきたいと考えています。

「ありのままの自分」でいること

ここのところ、ライブ配信の勢いが止まりません。

1年前は、たった1時間のライブ配信で床に座り込むほど疲労困憊でしたが、今は平日の朝でも4時間を超えての配信になることもあります。

「こんなに楽しいことがあるんだ！　もっと早く気付けばよかった！」

というのが今の心境です。

正直最初は、苦手意識が先行して、何をするにも恥ずかしくて、いったいどうしゃべればいいかと考えることも多かったです。

これはきっと、人からどう見られているのか、ということにこだわっていたせいかもしれません。

一度そういったものを全て忘れて「ありのままの自分」で、一生懸命話すようにしたら、気持ちも楽になり、逆に楽しくなっていきました。

楽しそうな姿というのは、周りによく伝わります。

きっとお客様も、そこに共感を持って、ライブを楽しみにしてくれているのだと思います。

信頼される人が、人を惹きつける

仕事でも普段の生活でも、時には自分をさらけだし、本音で話すことは大切だと思います。いざ重要な場面で、その物言いが嘘くさい人や、何を考えているか分からないような人には、信頼が持てません。

仕事であれば、そんな人とは取引をしたいと思いませんし、プライベートでも友人になろうとも思いません。

少しくらいカッコ悪くても、自分をさらけ出し、ありのままでいるほうが、たくさんの人を惹きつけるのかもしれません。

ズバリ、成功の秘訣とは!?

「ズバリ、成功の秘訣とは？」と聞かれたら、

「諦めない、継続、とことんやる」と答えると思います。

とにかく諦めない気持ちでここまできました。

現状でも、ある程度の結果は出せているのかもしれませんが、「ABITOKYO」は、まだまだ航海の途中です。

私たちもお客様も、これからもっと、見たことがない景色を見ていくはずでしょう。

「ライブコマースで日本を元気にする」

という目標を、さらに現実にしていくために、一層邁進していきたいと思っています。

これからの「ABITOKYO」も、ぜひ期待していてください。

History
沿革

2010年5月	東京都豊島区で婦人服のOEM製造として創業
2012年5月	会社法人『株式会社サイコー・インターナショナル』設立と同時に、渋谷区千駄ヶ谷1-19-12に移転
2015年6月	ショールーム増設のため、渋谷区千駄ヶ谷1-11-6に移転
2016年3月	東レアパレルCADシステムとプロッター導入、デザインシステム島精機導入、プロ仕様の蒸気プレス機導入、刺繍機導入
2017年4月	「e&t」始動(親子リンクコーデ)
2019年3月14日	「ABITOKYO」ZOZOTOWN店オープン
2019年9月13日	株式会社ABITOKYO　設立
2020年3月	ショールーム増設のため、東京都目黒区下目黒2-13-10に移転
2020年5月28日	「ABITOKYO」SHOPLIST店オープン
2020年6月25日	「Diosfront」SHOPLIST店オープン
2020年9月1日	公式オンラインストア「ABITOKYO」オープン
2021年4月1日	東京都目黒区下目黒1-8-1アルコタワー7階に本社移転
2021年4月21日	「emi+」ZOZOTOWN店オープン
2021年5月1日	株式会社Ｓホールディングスに社名変更
2021年10月	1899mallプレオープン
2022年5月	EMMA LIMBER 事業譲受
2022年7月	BANNER BARRETT 事業譲受
2022年7月	東京都品川区上大崎3-5-11 MEGURO VILLA GARDEN 4階に本社移転
2022年8月	ECLIN 事業譲受
2022年10月	Rakuten Fashion「ABITOKYO」「emi+」「Diosfront」をOPEN
2023年11月15日	TIKTOK「燕チャンネル」開設 ライブコマースにて商品販売開始

巻末付録

元気になれる燕社長の「今日のひとこと」

ライブ配信の最後に、私からみなさんに向けて
「今日のひとこと」をお伝えしています。
この「ひとこと」でみなさんが元気に、
楽しく毎日を過ごしてほしい、という想いを込めています。
これらは、普段私が思っていること、
考えていること、感銘を受けた言葉などから、
オリジナルで作った「ひとこと」です。

これまで、ライブ中にお伝えした言葉を抜粋しました。
ちょっと気分が落ち込んだ時、
なんだかやる気が出ないなという時に、
ぜひこの「今日のひとこと」を開いてみてください。

自分の価値は自分で決める。つらくても貧乏でも自分で自分の価値を決める。

重い物を捨てれば、肩が軽くなる。

人間の可能性は大きい。今できてることは、自分の可能性の1／100である。

この世で最も強い人間は、ただ一人立つ人間だ。

One Word

今日のひとこと

涙を恥じることはありません。
その涙は苦しむ勇気を持ってることの証なのですから。

神社とは、お願いをしに行くところではなくて、お礼を言いに行くところ。

一日一日を大切にしなさい。毎日のわずかの差が、人生にとって大きな差となる。

99回倒されても、１００回立ち上がればよい。

過去を悔やむより、今を生かし行動しよう。

成功しないことは感謝すべきだ。成功までには徹底的に自分を見出せるから。

間違いをした言い訳をするより、正しいことをひとつするほうが時間がかからない。

変化こそ唯一の永遠である。

何度転んだって、何度だってやり直せる。失敗というのは転ぶではなく、そのまま起き上がらないこと。

One Word

今日のひとこと

絆はワインである。
新しいうちは口当たりが悪いが、年月を経て醸成されると、
味と香りが芳醇である。

充実した一日が、幸せな眠りを誘う。充実した一生は、幸せな老後を迎える。

人間は、愛しているか、愛されているか、どっちかでないとつらい！

大きな苦労をした時期があるからこそ、
目の前の何気ない小さな物が幸せと知る。

―――
今正しいことでも、数年後間違ってることがある。
逆に今間違ってることも、数年後正しいこともある。

―――
冬がなければ、春をそんなに気持ちよく感じない。

―――
どうせ年取るなら、陽気な笑いで、この顔に皺を付けたいものだ。

―――
勇気と力だけがあっても、慎重さを欠いていたら、それは無に等しい。

―――
思い切り泣けない人は、思い切り笑うこともできません。

One Word

今日のひとこと

人生の基本は自分自身を愛すること。これを忘れてはいけない。

衝動がある所に、自分を置いてあげましょう。ワクワクがなければ行動がない。

年齢なんて関係ない、たとえ99歳でも子供でいることはできる。

正しいか間違ってるかなんて、どうだっていい。大事なのは、逃げ出さないこと。

うまくいかなかったら、やり方を変えればいい。

人目に晒される宿命を背負った以上、ある種の図太さは必要。

ひたすら前だけを見ます。

人生はロマン。
自分は不幸だと悩むのではなく、試練を与えられた物語の主人公だと思えば、
人生をエンジョイできる。

どの世界も理不尽なことってあると思うんですけど、でも真面目な人ほど残る。

思い込むよりも、言葉にするほうが楽になることもある。

One Word

今日のひとこと

人生は良い日もあれば悪い日もある。大切なのは精神的に成長していくことだ。

過去の出来事のひとつひとつが、目に見えない糸で繋がっている。

人には燃えることが重要だ。燃えるためには薪が必要である。薪は悩みである。悩みが人を成長させる。

希望があなたを捨てることはありません。あなたが希望を捨てるのです。

美しさは、あなたがあなたらしくいると決めた時に始まる。

いつも自分を綺麗に明るく磨いておくように。
あなたは自分という窓を通して世界を見るのだから。

失敗を素直に認めること。「ありがとう」の気持ちを忘れないこと。
そうやって、人と人とは、お互いの信頼感を作っていくのではないのか。

君は、素晴らしくて、美しい人間なんだよ、別の物になっちゃだめだ。

この人となら、私らしいまま付き合えるという人を見つけること。

One Word

今日のひとこと

自分に欠けているものを過大に考えると不幸になる。
欠点があったとしても、それも自分の個性です。
欠点があるからと自信をなくすのではなく、
それを活かしてそこから成長していけるように考えたいですね。

人生において一度もつまずかない人間というのはいない。
つまずきの数だけ人間は大人になれるし、優しくもなれる。

悩みはあって当たり前。それは生きている証！

何もできなくていい、ただ笑顔でいよう。

人は、自分を愛せる量だけしか、他の人を愛せません。
そして、自分を愛せる量だけしか、他の人からも愛されません。

あなたが誕生した時、あなたは泣いて世界は喜んだ。
あなたが死んだ時、世界が泣き、あなたが喜ぶ。そんな人生を送りなさい。

千里の道も一歩から。

ベルは鳴らすまではベルではない。歌は歌うまでは歌ではない。
そして心のなかの愛は、そこにとどめておくためにあるのではない。
愛は与えてこそ、愛となるのだ。

来る日も来る日もこれが人生一番若い日と思って生きましょう。
そうすればいずれ必ず、間違いなくその通りになる日がくるだろう。
顔をあげて、胸を張って。あなたならできる。

凡人は不満を嘆き、賢人は不満に学び、達人は不満を活かす。
そして偉人は不満をも楽しむ。

暗闇が訪れても、朝はやってくる。希望を捨てないで。

悲しみと喜びはつながっている。

人生において最も大切な時は、それはいつでも今です。

幸せを数えたら、あなたはすぐ幸せになれる。

苦労から抜け出したいなら、肩の力を抜くことを覚えなさい。

One Word

今日のひとこと

笑われて、笑われて、強くなる。

うしろをふり向く必要はない。あなたの前にはいくらでも道があるのだから。

下を向いていたら、虹を見つけることはできないよ。

人生とは、時代と自然の変化に順応するのは大切。

全ての不幸は未来への踏み台にすぎない。

——悪い時が過ぎれば、良い時は必ず来る。

——あせらずあわてず、静かに時の来るを待つ。

——たくわえられた力がなければ、時が来ても事は成就しないであろう。

——太陽がいつも朝を連れてくるように、
私たちはいつも周りの人に笑顔をあげましょう。

——万策尽きたと思うな、その時初めて新たなる風は必ず吹く。

One Word

今日のひとこと

世界には、きみ以外には誰も歩むことのできない唯一の道がある。

私は失敗したことがない。
ただ、1万通りの、うまく行かない方法を見つけただけだ。

逆境があるからこそ、私は走れるのだ。

自分のことを好きじゃない誰かのことで、くよくよする時間がないんだ。
大好きでいてくれる人を大好きでいるのに忙しすぎるから。

悲しみがあるからこそ、私は高く舞い上がれるのだ。

名誉を失っても、もともとなかったと思えば生きていける。
財産を失ってもまたつくればよい。
しかし勇気を失ったら、生きている値打ちがない。

人を信じよ、そして、その百倍も自らを信じよ。

才能で負けても、せめて誠実さとパッションでは負けたくない。

心配事の98％は、取り越し苦労だ。

決して起こらないかも知れぬことに心を悩ますな。常に心に太陽を持て。

One Word

今日のひとこと

人は何度やりそこなっても、「もういっぺん」の勇気を失わなければ、必ずものになる。

昇るために、落ちることが必要なこともある。

ただ悪い一日なだけさ、悪い人生ってわけではないよ。

運がいい人も、運が悪い人もいない。
運がいいと思う人と、運が悪いと思う人がいるだけだ。

人生は一度きりですが、しっかり生きたなら、一度で十分なのです。

自分に欠けているものを過大に考えると不幸になる。
自分の光に焦点を当てよう。

涙があるからこそ、私は前に進めるのだ。

忙しくなったら、「盛り上がってきました」
ピンチになったら、「面白いことが起きました」
と言い換えてみる。

美しい物を美しいと思えるあなたの心が美しい。

1％でいい、昨日の自分を超えてみよう。

したい人、1万人。始める人、100人。続ける人、1人。
あなたはどの人になりたい？

弱い人は復讐する。強い人は許す。賢い人は無視する。

誰でも口からマイナスなことも吐く。
だから「吐」という字は口と＋と－でできている。
マイナスのことを言わなくなると－が消えて【叶】という字になる。

――人の心が分かる心を教養という。

――人間性は弱者への態度に出る。

――生活は体形に出る。

――あせってはいけません。ただ、牛のように、堅実にコツコツ進んで行くのが大事です。

――自分にどれだけ自信が持てるかによって、人生が変わる。

私がこの世に生まれてきたのは、
私でなければできない仕事が何かひとつこの世にあるからなのだ。

人に勝つより、自分の弱さに勝つ。

「今日はいいことがある。いいことがやってくる」
このことを思って生活してみてください。

性格は顔に出る。

あなたは生きています。
生きているというだけで、幸せになる資格をいつも持っています。

おわりに

この本を執筆している「2024年」は私にとって、忘れられない1年となりました。

2023年11月から「ライブコマース」に力を入れて、商品の販売を始めました。

「日本のライブコマースで一番になる」

という思いを持ち、毎日ライブ配信に臨んできました。

初めの頃に抱いていた「恥ずかしい」「どうしたらいいんだろう」という思いはすっかり消え、今では楽しくて仕方がなく、ライブ配信時間も日に日に延びていっています。

それと比例するように、初めは5人だった視聴者も、朝の配信は6000人を超えるようになり、夜の配信でも、常時2000人の方に見ていただけるようになりました。

想像を超えた勢いに、私自身驚くばかりです。

あらためて思い返すと、本当に「ご縁」に恵まれた20年間だったと思います。

Epilogue
おわりに

もし福岡ではなく、初めから東京に留学していたら「博多弁」ではなく、綺麗な日本語をすぐに習得して、1年で中国に帰っていたかもしれません。

そして最初の就職の時に、すぐにビザが下りて、アロマの会社に就職していたら、自分で会社を立ち上げていなかったかもしれません。

色んな困難がありましたが、全てはご縁に導かれてきたと感じます。

がむしゃらに走り続けた1年でしたが、私の進む道は間違っていないと、強く思うようになりました。

「ライブコマースで日本を元気にする」

本当に近い将来、実現する夢だと思っています。

この大躍進は、もちろん私だけの力でなく、毎日ライブ配信を楽しみに見てくださるお客様がいてのことですし、そして会社のスタッフ、全員の力があってこそだと思っています。

ほぼ休みなく、朝から晩までみんなに助けられており、本当に感謝しています。

それからいつも遠くから、私を見守ってくれている中国の両親ときょうだいにも感謝しています。

福岡から東京へ、さらに勉強に行きたいと言った時も、両親は「がんばっておいで」と背中を押してくれました。

実は私は、両親に心配をかけたくなかったので、福岡での生活やその後の東京で苦労した時期のことなどは、ほとんど話をしていませんでした。

何か聞かれても「大丈夫だよ。心配しないで」といいことだけを言っていました。そうしないと、中国へ連れ戻されると思っていたのです。

そして、会社もある程度軌道に乗った頃でしょうか。

現状と、実は昔はこんなことがあったと話をしたことがありました。それを聞いた父が、「そんなことになっていたのか。申し訳なかった」

と涙を流しました。それを見ていて、やはりその当時に、ありのままを話さなくてよかったと思うと同時に、ちゃんと話せる過去になってよかったと思いました。

最後に私の夫と、二人の子供たちにも感謝を伝えたいです。

Epilogue
おわりに

朝は6時から、そして夜は21時半までライブ配信をする毎日で、ほとんど家にいられませんが、それでもいつも笑顔で、私のやることを応援してくれています。

特に夫には、福岡時代から支えてもらっています。

仕事が大好きな私ですが、やはり家族がそばにいてくれるから頑張れます。

本当にありがとう。


「ABITOKYO」を立ち上げて丸6年。

思った以上のスピードで進化していますが、まだまだこれからです。

もっともっと、誰も成し遂げていないことを私は行っていきたいです。

「ABITOKYO」の未来を、どうぞ楽しみに見ていてください。


最後までお読みいただき、ありがとうございました。

令和七年三月

燕　泳静

燕 泳静

（えん よんじん）

株式会社Sホールディングス・株式会社ABITOKYO　代表取締役CEO

中国生まれ。18歳で日本に留学。卒業後、イトキンの洋服OEMをやっているメーカーに就職。就職先が民事再生のため、2010年に自宅の1室で独立する。2012年、株式会社Sホールディングスを設立。2019年、株式会社ABITOKYOを設立。自社ブランド設立後3ヶ月で月商5000万、1年後には月商1～2億の実績を上げる。現在では自社6ブランドを運営。2021年10月10日にライブコマース機能付きのEC通販モール【1899mall】を立ち上げる。日本を盛り上げるためのライブコマース事業及びライバー育成事業にも取り組む。TIKTOKの「燕チャンネル」で自らライブコマースも行う。現在は年商50億超。日本でのライブコマースの普及に積極的に取り組んでいる。

株式会社Sホールディングス
https://saikoh-net.com/

TikTok　燕チャンネル
https://www.tiktok.com/@enyonjin

続《つづ》ける力《ちから》、諦《あきら》めない心《こころ》

極貧中国留学生《ごくひんちゅうごくりゅうがくせい》から年商《ねんしょう》50億社長《おくしゃちょう》へ

燕《えん》 泳静《よんじん》 著

2025年3月20日　初版発行

発行者　磐崎文彰
発行所　株式会社かざひの文庫
〒110-0002　東京都台東区上野桜木2-16-21
電話／FAX 03(6322)3231
e-mail: company@kazahinobunko.com
http://www.kazahinobunko.com

発売元　太陽出版
〒113-0033　東京都文京区本郷3-43-8-101
電話 03(3814)0471　FAX 03(3814)2366
e-mail: info@taiyoshuppan.net
http://www.taiyoshuppan.net

印刷・製本　モリモト印刷

出版プロデュース　谷口令
出版協力　スギタクミ
装丁　藤崎キョーコデザイン事務所
DTP　KM-Factory

ISBN978-4-86723-188-3